U0250513

城市森林营建理论与实践
——基于天府新区公园城市的探索

杜文武　著

中国建筑工业出版社

图书在版编目（CIP）数据

城市森林营建理论与实践：基于天府新区公园城市的探索 / 杜文武著. -- 北京：中国建筑工业出版社，2024.6. -- ISBN 978-7-112-29910-2

Ⅰ. S731.2

中国国家版本馆 CIP 数据核字第 20246PW551 号

本书以"公园城市"首提地天府新区为例，开展了新时期城市森林营建理论与实践探索，采用"近自然森林"营建理念，在严格的耕地保障和建设用地约束背景下，以高效的森林系统、共享的森林系统、健康的森林系统和持续的森林系统四大战略为导向，展示了在跨尺度城乡森林网络构建方法、主题森林与森林游径场景营造、典型生境森林群落营建技术和"森林银行"政策体系研究四大板块的创新工作，通过在"量""质""制"三方面的深入探索，提供了破解我国城市森林在"生态空间挤压"背景下的理想空间与现实空间博弈、社会 - 生态复合效益矛盾和全生命周期可持续营建管理保障难题等方面的创新思路。

责任编辑：刘文昕
责任校对：张惠雯

城市森林营建理论与实践
——基于天府新区公园城市的探索
杜文武　著

*

中国建筑工业出版社出版、发行（北京海淀三里河路9号）
各地新华书店、建筑书店经销
北京建筑工业印刷有限公司制版
建工社（河北）印刷有限公司印刷

*

开本：787 毫米×1092 毫米　1/16　印张：11¼　插页：4　字数：165 千字
2024 年 5 月第一版　　2024 年 5 月第一次印刷
定价：**88.00** 元
ISBN 978-7-112-29910-2
（43091）

序

森林，是童话世界的主题，也是人类诗意栖居的伊甸园，从古至今森林都与人类的梦想分不开，更是今天全球追求可持续发展目标的重要实现途径之一。森林营建也不是一件新鲜事，事实上我国人工森林建设成就在世界范围内也是首屈一指。在全球森林资源持续减少的背景下，我国森林覆盖率由 20 世纪 70 年代初的 12.7% 提高到了 2020 年的 23.04%，年均净增加量居全球首位且远超其他国家，充分说明了我国在森林营建方面贡献巨大。

然而，城市森林建设要达到"理想态"却不是一件容易事。由于我国人多可用地少的基本国情，在严格的耕地保障、建设用地约束和重大基础设施割裂下，绿色空间不仅受到各种建设行为的影响，在空间格局上也呈现出破碎化的特征，很难简单地构建起所谓城市森林的"理想格局"，也很难有持续的财力支持。同时，城市森林需要在满足人的休闲游憩需求的同时，保持尽可能高的自然度——即社会效益与生态效益的平衡，这也很有挑战性。显然，城市森林建设不仅仅是"多种树"那么简单。

杜文武老师结合其承担的公园城市首提地——天府新区森林生态规划实践，通过系统性思考，提出了针对性和实践性非常强的城市森林营建理论和方法，整理后形成本书。本书的核心思想可以归结为：契合我国国情的"可林化"空间挖掘和跨尺度空间优化布局，真正师法自然的"近自然"森林群落构建，以人为本的特色森林应用场景营造和根植于社会经济逻辑的可持续森林营建机制，尽管"森林银行"这一称呼可再斟酌。

该成果清晰地回答了：在哪里建森林，建什么样的森林，如何建森林以及怎样实现可持续发展等一系列闭环问题。这些问题不仅仅是天府新区自己面对的问题，还是我国大力开展森林城市建设所不能回避的现实挑战。在"生态空间挤压"背景下的理想空间与现实空间博弈、社会－生态复合效益矛盾和全生命周期可持续营建管理保障等我国城市森林建设难题方面，本书对破解此类问题大有裨益。

值得一提的是，本书并非单纯的实践文本总结，而是源于实践，高于实践，然后再指导实践。这是本书给我的深刻印象。杜文武老师先后在西南大学、同济大学和千叶大学（日本）求学，传承了诸多机构开展风景园林实践研究的专业范式并深受其影响，这也是他长期坚持的专业精神和工作方法，期望他再接再厉，出更多更好的成果。

同济大学 建筑与城市规划学院 长聘教授
2024 年 5 月

前　言

　　百万年前，人类的祖先从森林中走出，开始直立行走，并得以解放双手和大脑。面对大自然的艰难险阻，人类开始制造工具，采集、狩猎，开启了改造自然的漫长历史，也由此揭开了社会的新纪元。

　　千百年前，人类大规模从流浪漂泊走向定居，形成聚落，建造城市，占据地球各个角落，开始了有别于祖先和其他所有动物的居住、生活和组织形态，创造了辉煌的人类文明。历数千载之演进，人类在农业社会大规模耕作、放牧中，也和大自然渐行渐远。人类和自然从栖居共生到依赖索取，森林砍伐、填塞湿地、开采挖掘，永久性大规模地改变了地表景观。伴生的水土流失、土壤沙化、极端灾害等开始反噬人类，历史上许多宜居区域变得不再宜居甚至荒无人烟。

　　数十年前，伴随化石燃料的大规模使用，工业化和现代化急速发展，地球上人口超过半数已居住于钢筋水泥的城市丛林。在生产力获得极大发展的同时，楼房、汽车、公路、工厂、电脑、手机彻底改变了人类的生活方式。人类和大自然也开始了前所未有的疏离。人类不光成为大自然的"敌人"，在此过程中也使自己成为"自然缺失症"的受害者。除少数严格保护的荒野外，全球绝大多数土地已经经历了人类不同程度的改变。今天，如果人们坐飞机进行全球飞行，哪怕在沙漠中，也已经很难看到没有人类活动过的痕迹。在由人类绝对主导的城市中，森林、草原、湿地越来越像盆景一样存在，而且远远地躲在城市的边缘角落。在许多大城市中心，森林甚至犹如西餐牛排上装饰的一点点可怜菜花。

近年来，除了关乎个人日常感受的"自然缺失症"外，气候变化、海平面上升、第六次大灭绝等过去不太被人注意的宏观变化，已经越来越直接或间接波及每个人。百年一遇的洪水标准屡被刷新，极端高温屡创历史纪录。有人或许会说，这些又不是我干的，和我有什么关系呢？和这些超大空间范围、超长时间尺度的自然变化相比，再夸张的个人行为也确实背不起这口"锅"。但即使以普通人的常识认知，也很难否定这些"自然灾害"变化与人类千百年尤其是近几十年的高强度活动相关。这些极端自然现象，当然并非某一个人引起，但要说每一个用电、开车、住楼房、吹着空调和暖气，过着现代生活的人都"贡献"了作为人类集体一分子的力量，恐怕也不冤。2022 年，远在澳大利亚、近在我国重庆的山火，给了人们极大的震撼。我们应当意识到，与自然背离的危害，离我们越来越近了。过去环境改善行动虽成效巨大，但做得还远远不够。

是时候做些什么了。但应该做些什么呢？又该怎么做呢？作为智商最高、组织性最强的动物，人类既然在某些方面以集体的方式背离了自然，也应该有能力以集体的方式修复和自然的关系。大到地球，中到国家，小到城市，微小如自家院子阳台，在不同的层级，一切改善小环境到大环境的行动都应该大有可为。即便如此，笔者依然认为，城市，是我们采取行动的最佳实践载体。一方面，城市是现代人类集群生活的主要形态之一，是生态系统服务需求的集中场所，也是成规模制造环境问题的基本单元；另一方面，城市体现了人类最有效率的现代组织方式，也最适合因地制宜地探索不同的解决方案。更重要的是，每一个市民，都能直接参与到城市的行动中来，并切身受益。城市森林建设就是其中最具有群众基础的一种。

但是，城市森林应该如何建设呢？仅仅是种树吗？一切好像没那么复杂，但似乎也没那么简单。借助承担《天府新区直管区森林生态建设发展规划》的机会，紧紧围绕如何建设一个好的城市森林系统这一问题，笔者与团队开展了如何建设高效、健康、魅力和持续的公园城市森林的研究与思考，以成此书，不免浅薄，以求教于方家。

目　录

＊本书图片除标注外，均由作者提供。

第一节 城市、人与环境

21 世纪，人类居住生活形态已发生历史性转变。 2015 年，地球上已有超过半数的人口居于城市，2021 年城市人口占全球人口总数的 56%。在中国，常住人口城镇化率于 2011 年首次突破 50%，并于 2023 年达到 65%。城镇化进入"下半场"意味着人类居住生活形态发生了历史性转变。这种改变不仅仅意味着居住环境本身，还意味着人类生活模式、资源获取方式、能源消耗量级、土地利用与地表形态的巨大的改变。并且，这种改变几乎是不可逆的。

伴随人类城镇化的是大规模的气候与环境问题。 城市化及人口增长带来的环境问题随处可见。除了因各种矿物能源开采遗留下的"伤疤"、拦河筑坝发电截断的河流、弃置生活垃圾和废物的填埋场、工厂污水废气排放等直接影响外，还有因大规模森林砍伐、二氧化碳排放、地下水开采等导致的全球气候变暖、海平面上升、地面沉降、极端高温、极端干旱、沙尘暴、雾霾、洪水……以及因此带来的大量疾病等。大量研究表明，人类的大规模城镇化已经深深地影响了气候变化，导致了环境问题，并反噬人类健康（图1-1）。

图1-1 采矿、筑坝等留下的"自然疤痕"

寻找与自然的和谐相处之道是城镇化下半场的重要目标。诚然城镇化带来了众多环境问题，但城市也并非一无是处。相反，城市是人类高等文明的组织形式，是人类集中享受高效分工带来的文化、休闲、教育、医疗、娱乐的最重要场所。不然大家也不可能用脚投票走进城市。只有诚实地正视城镇化的好处和问题，才能更好地解决上述问题。可以做的工作有很多，不同的观点和认识也很多。但转变生产与生活方式，与自然和谐相处，是几乎所有人都难以反对的共识。要实现与自然和谐相处，需要遵循自然规律，充分利用自然，保护和维持生态系统稳定，缓解全球气候极端变化。在全球生态系统中，包含陆地和海洋生态系统两大类。其中陆地生态系统又可细分为森林、草原、荒漠、湿地、农田生态系统等类型。与城市关系最密切，最易被人感知，建设条件最简单，效益最显著的当属森林生态系统。

第二节　城市森林的价值

森林是最主要的生态系统碳汇。《联合国气候变化框架公约》（UNFCCC）

指出，"汇"是指从大气中清除温室气体、气溶胶或温室气体前体的任何过程、活动或机制。由于温室气体通常用二氧化碳当量来衡量，因此也称之为"碳汇"。由 16 个国家、68 个研究机构科研人员共同完成的"全球碳收支 2020"研究报告显示，2010～2019 年全球人为排放的二氧化碳有 31% 被陆地生态系统吸收。而全球森林的碳贮量约占全球植被碳贮量的 77%，同时森林土壤的碳贮量约占全球土壤碳贮量的 39%。显然，森林是陆地生态系统最重要的贮碳库。

森林提供了最丰富的陆生生物多样性。生物多样性是指所有来源的形形色色的生物体，这些来源包括陆地、海洋和其他水生生态系统及其所构成的生态综合体，这种多样性包括动物、植物、微生物的物种多样性，物种遗传与变异的多样性及生态系统的多样性。在各类陆地生态系统中，森林的生物多样性比任何其他类型都要丰富。保护和可持续地利用森林，可保护所有陆生动植物物种的三分之二以上。生物多样性关系到森林的健康和活力，是人们的生计和福祉所必需的各类生态系统服务的基础。

森林生态系统是生态效益最高的自然生态系统。在林、田、湖、草、湿等各类绿色基础设施中，城市森林是生态系统服务功能最综合、城乡居民利用感知度最高，且与城市建设用地和农业发展空间相容度最好的绿色基础设施类型。除大面积的成片森林外，依托住区、工厂、街道、公园、广场、道路、坡坎崖、废弃空地、湖塘沟渠等，城市森林都能以极高的兼容性、灵活性和可用性存在。可以说，城市森林作为绿色基础设施的骨架，发挥着不可替代的作用。

森林是城市生态服务功能的基石。森林，作为最重要的陆生生态系统，承载着固碳释氧、气候调节、水源涵养、水土保持、维持生物多样性等重要的生态系统服务功能。世界上可用淡水的四分之三来自森林覆盖的流域，森林净化着发展中国家三分之二大城市的饮用水。在城市中，由于对生态系统服务的需求远大于供给，而城市森林作为具有复层结构的绿色基础设施，其在维持生态系统服务功能方面起着不可替代的作用，并且由于抑菌滞尘、缓解热岛效应等功能，对城市居民的健康福祉至关重要。

森林是游憩服务功能的核心载体。在城市居民的日常休闲游憩行为中，以森林为骨架的城市公园和各类绿道为其提供了最普遍的场所。城市森林不仅可为休闲、游憩、健身、交往等活动提供舒适的户外林荫空间和林间场地，也为林荫道、绿道等慢步慢跑场所提供了绝佳的场地，并和草坪、湿地等共同构成丰富多样的绿色开放空间体系，成为人们日常休闲游憩的场所。

森林是城市景观的自然底色。难以想象，假如在一个车水马龙、钢筋水泥的城市丛林中，没有树木会给人怎样的感受。在冬季，一切都是生硬、冰冷的；在夏天，一切都是灼热、窒息的。目之所及，缺乏自然的气息，缺乏自然的色调，缺乏人的温度。森林，作为大自然的调色盘和动物的栖息地，因时因季而呈现出不同的面貌，使我们的城市变得更加绚丽多彩，更加生机盎然，更加亲切可触。可以说，森林构成了城市景观的自然底色，使得城市的"宜居"成为可能。

在当代城市的"三生"空间中，其中的"两生"——生态空间和生活空间都离不开森林的骨架作用。森林建设应是公园城市建设中的重要一环，成为公园城市最底层的架构——绿色基底。不过，相对于城市森林价值的广泛认知，对于什么是城市森林，却有着不同的理解。

第三节　城市森林的概念

城市森林概念具有十分多元的理解。国际语境中，1962年，美国肯尼迪政府在户外娱乐资源调查中，首先使用了"城市森林"（Urban Forest）这一名词。部分学者倾向于非常广义地界定城市森林的适用范围。例如，Grey（1978）等人认为，城市森林包括行道树、公园、街区游园及住宅区等在内的所有树木。持类似的观点还有 Miller（1996），认为城市森林是人类密集居住区内及周围所有植被的总和，其范围涉及市郊小区直至大都市。但也有观点认为（Flack，1996）："城市森林包括城市周边与市内的所有森林，但不包括传统的城市绿地、公园、庭园、行道树等"。

我国学者王木林（1997）等认为，城市森林是指城市范围内与城市关系密切的，以树木为主体，包括花草、野生动物、微生物组成的生物群落及其中的建筑设施，包含公园、街头和单位绿地、垂直绿化、行道树、疏林草坪、片林、林带、花圃、苗圃、果园、菜地、农田、草地、水域等绿地。刘殿芳（1999）认为，就"城市森林"的本身含义，从有利于直观认识和便于实践与普及出发，可理解为生长在城市（包括市郊）、对环境有明显改善作用的林地及相关植被。它是具有一定规模、以林木为主体，包括各种类型（乔、灌、藤、竹、层外植物、草本植物和水生植物等）的森林植物、栽培植物和生活在其间的动物（禽、兽、昆虫等）、微生物以及它们赖以生存的气候与土壤等自然因素的总称。王成（2004）在总结各家观点基础上认为，"城市森林"广义上是指在城市地域内以改善城市生态环境为主，促进人与自然协调，满足社会发展需求，由以树木为主体的植被及其所处的人文自然环境所构成的森林生态系统，是城市生态系统的重要组成部分；狭义上是指城市地域内的林木总和。

在法规和技术标准层面，《中华人民共和国森林法实施条例》（2019年第三次修订）界定了森林的概念，认为"森林资源"包括森林、林木、林地以及依托森林、林木、林地生存的野生动物、植物和微生物。其中，森林包括乔木林和竹林，林木包括树木和竹子，林地包括郁闭度在 0.2 以上的乔木林地以及竹林地、灌木林地、采伐迹地、火烧迹地、未成林造林地、苗圃地和县级以上人民政府规划的宜林地。2012 年颁布的《国家森林城市评价标准》将"城市森林"界定为：在市域范围内以改善城市生态环境，满足经济社会发展需求，促进人与自然和谐为目的，以森林和树木为主体及其周围环境所构成的生态系统。在《国家森林城市评价指标》（2019）中则对"城市森林"做了适用范围相当宽泛的定义：城区及其周边所有森林、树木及其相关植被的总和。

从上面可以看出，对于城市森林的理解差异，主要在于城市森林本身的认定和城市森林的空间范围两个方面。笔者认为，为充分发挥城市森林的潜力，其概念界定要有较大的包容性，包括城市和周边各种立地、立体空间等林木类型的总和。

第四节　城市森林建设经典案例

城市中的森林——东京大手町之森。森林是陆地生态系统中最重要的组成成分，但是，在城市扩张、耕地保护以及重大基础设施建设的多重压力下，城市中的森林面积快速减少，森林生境愈加破碎。在公园城市的背景下，如何在我国科学地营建健康可持续的城市森林生态系统，东京经验值得借鉴。

在东京建筑密度最大的大丸有地区有一座模拟森林——大手町之森（图 1-2），它的设计面积仅有 3600m^2。因此，如何在有限的空间中创造出能让人联想到自然的森林，以及如何在繁华的城市中心营造出自然感成为难题。设计团队对这一系列问题进行讨论和调研，首先，为了突出城市森林的自然感，其植物配置采取三种方法，分别是混交（常绿与落叶树种混交，常绿∶落叶＝3∶7）、异龄（放入不同粗细高矮的异龄树种）、疏密（每 5～15 株乔木作为一群，将 100m^2 内 8 株乔木以上高密度配置的部分作为单元结合林窗，在场地分散配置创造出变化多样、疏密有致的植物空间），并且乔木和地被植物全部选择本土植物，最大限度避免遗传基因混合。大手町之森的经验表明，"植物在相互竞争进行演替的同时，形成一定集群并共生的形态"能表现出较强的自然感。其次，由于场地面积较小，为了增加绿地，设计者重视纵向的垂直绿化，将城市高楼的楼顶装扮成绿色的广场和庭院，绿色步道串联整个城市空间，并且设置稻田、蔬菜等田园景观，使之成为一个小型生态公园。大手町之森建成后，城市环境有了明显改善。用地内气温平均下降 1.7℃，用地周边气温平均下降 0.3℃，缓解了热岛效应。

图 1-2　大手町之森（来源:《日本大手町之森经验》）

公共活动空间与自然空间——大手町之森是以民间力量为主导的城市开发项目，这要得益于政府的相关景观法律；通过把调动社会力量写入法律法规，民营企业和普通百姓都可以参与景观绿地的建设运营，开发商可以用贡献的绿化面积折算成容积率，不仅可以提高地产开发的效益，也能反过来刺激地产增加绿化，从而提高城市品质，这一办法为城市森林的可持续性提供了一条思路。

花园城市——新加坡。新加坡作为"亲自然"城市的代表，素来有"花园城市"的美称，与其他只在城内大建花园的城市不同，新加坡是将整个城市建在花园里，让人们在里面工作、居住、休闲。

新加坡的人口密度位居全球第二，且土地面积有限，但其依然雄心勃勃地提出到 2030 年要成为全球绿化程度最高的城市，新加坡的市区绿化覆盖率高达 50%，人均公共绿地面积 $250m^2$。这得益于新加坡在城市规划和生态保护方面的卓越工作。其在城市森林的发展方面具有许多可借鉴的措施。首先是它的城市公园绿地系统，做到蓝绿交融、公园成链，即所谓的公园链计划。通过网络化的公园路径来连接各个公园和自然景点，使居民可以方便地进行健身和休闲活动；此系统覆盖了全岛，为提供人们骑行、步行、跑步的机会，让人们享受城市森林的乐趣。同时增加"绿蓝规划"专项，构建绿地和水体的串联网络，连接各类主题公园，形成大公园绿色廊道，以生态为主的综合效益显得到著提升。其次是新加坡极具特色的绿色建筑及垂直绿化，其注重在建筑物上增加绿化，从商旅办公到社区住宅，从基础设施到城市地标，立体绿化概念被运用到各个角落，特别是在高楼大厦中推行垂直绿化，设计师会在建筑外立面、屋顶和底部增加植被，从而改善室内和周围环境的舒适度，同时可以提供更好的生态系统服务。最后，新加坡还推行了城市森林计划，将绿色空间融入城市生活中，为居民提供更好的生态环境和居住体验。例如增加绿化覆盖率、提供公共花园和湿地公园，滨海湾花园（Gardens by the Bay）就是新加坡最著名的城市森林项目之一，成为新加坡的标志性景点。并且，新加坡也致力于推动绿色基础设施的建设，如雨水花园、生态湿地和水景设计，这些设计与城市森林相结合，进一步改善了城市人居环境。

通过这些努力，新加坡成功将城市与自然相融合，创造出了独特的城市森林景观，它的成功也为我们在其他城市打造森林提供了启发。

复合森林——维也纳。维也纳作为奥地利的首都，在建设城市绿地系统和城市森林时，始终遵循近自然理论，注重复合功能，是致力于复合森林建设和发展的先导城市。

维也纳全域绿地率高达51%，植被覆盖率约为43%，主要由混合林和丘陵草地组成的保持原始风貌的天然林。这种大规模的绿化有助于改善城市环境、缓解热岛效应，也可以改善空气质量、调节气候、供野生动植物栖息，具有很高的生态系统服务功能。在此基础上，维也纳的城市森林项目还着重于教育和社区参与，开展各种活动，如教育课程、导览、动植物识别和志愿者服务，鼓励居民了解和参与到城市森林保护中，并且兼具休闲游憩、林产品生产、森林旅游等复合功能，如"森林"主题咖啡厅、餐馆，以森林教育为主题开展游学的森林学校以及林木副产品产出，将为城市带来较大的经济和社会效益。

维也纳注重森林复合功能的同时，也注重森林的管理和保护。政府采用可持续的森林管理措施，会定期进行森林调查和监测，以评估森林的健康状况。努力维护森林的生物多样性，保留自然栖息地，引入本土植物，并且开展广泛的社会教育与公众参与，制定相应的法律法规来保护森林，实现森林的可持续性。维也纳通过积极建设和科学管理相融合的办法，打造了具有世界示范作用的复合型城市森林，在其他城市的森林建设中值得借鉴。

郊野公园——香港。香港特别行政区政府在 1976 年制定《郊野公园条例》，将香港四成的地方辟设为郊野公园，包括大屿山郊野公园、龙虎山、八仙岭等郊野公园，植被覆盖率高达 70%，并在郊野公园中营建特色郊野径。郊野公园成为香港的一个重要自然资源，为香港市民和游客提供了休闲游憩和体验自然的机会。

在高强度的城市发展和旺盛的土地需求的情况下，香港郊野为何仍然保持青山隐隐、绿意盎然呢？很大程度上得益于郊野公园条例的制定和社会法制的完善。香港的郊野公园条例，重在保护生态、提供动植物的庇护场所、使物种自然繁衍。在郊野公园内划定不同生态敏感区域，对生态敏感地点加强巡逻、执法和保护，确保其可持续性发展。并且为了让人们更好地与自然亲近，香港在这些郊野公园中设置了完善的郊野游径系统；香港人生活节奏快，为舒缓压力，郊野公园内设有各种不同类型、长度和难度的郊游路径，契合不同类型游人的需求。有树木研习径、郊游径、缓跑径、健身径、均衡定向径、轮椅径、远足研习径、家乐径和自然教育径等。其中麦理浩径穿越西部到中部的大部分精彩观赏点是最受欢迎的郊野公园路径之一，从西贡北潭涌开始，一直到屯门的大榄郊野公园，整个路径分为十段，每段长度 5～16km 不等。并且在游径中配备了完善的标识系统和配套设施，在山区都设置了移动通信设施站，保证游客的良好游憩体验和安全。

香港郊野公园体系的成功，使其成为城市的绿肺，不仅为居民提供了休憩场所，也在生态、文化教育方面扮演重要角色。其成功要点就是完备的法律法规保障，致力于可持续发展以及社区公众参与，这些办法在我们的城市森林构建中均可以借鉴。

第五节　城市森林建设的核心理念

"十年树木，百年树人"。在我国，森林建设具有悠久的传统。说起森林建设，大家印象中可能是，在沙化、盐碱化、荒漠化的土地上，纳入国家或区域生态战略的大规模环境修复行动，如非常具有有挑战性的"三北"防护林等。当然，也可能是人山人海的"植树节"活动，学校师生、全家老小或者单位集体齐上阵，选择一片空地，植上一棵棵小树苗，更多是一种家园美化、劳动体验和环境教育活动。简单来说，森林建设的核心要义似乎就是"种树"。

那么，城市森林建设真就如此简单吗？由于我国许多城市都具有人地资源矛盾突出和自然灾害高发的特点，城市中的一切建设行为都应以提升用地效率、环境韧性和永续发展为前提。换句话说，城市森林建设需遵循系统性、近自然和可持续原则。

系统性是城市森林建设的核心理念之一。森林作为最重要的陆生生态系统，应遵循系统性的原则开展建设行动。一方面，在严格的耕地保护需求和城市建设用地保障前提下，森林如何匹配合理的城市用地布局，实现生产、生活、生态空间的有机耦合，构筑起高效的城市空间格局，并在"宏观—中观—微观"全尺度实现精细化治理，需要进行周密的分析和系统性安排。另一方面，在以城市森林为主要元素的休闲游憩场所中，如何为城乡居民提供富有特色、魅力和内涵的绿色公共产品，彰显城市的内涵和大美形态，同样需要系统的安排。

近自然是城市森林建设的核心理念之二。过去大量的实践经验教训表明，传统城市森林营建，往往缺乏对自然森林科学规律的学习。森林结构单一、树种单一、功能单一等情况普遍，导致森林病虫害、花粉症频发，森林质量退化，生态效益不佳。事实上，不同生境特征条件下，森林建设具有不同的要求和特点。通过"近自然""拟自然""基于自然的解决方案（Nature-based Solution，简称 NbS）"等师法自然的途径，是城市森林建设的核心原则之一。

可持续是城市森林建设的核心理念之三。森林是具有生命的基础设施，不仅在城市和乡村以公园、林地、河岸、社区绿地、绿道等多种形态存在，而且其建设管理的主体、资金、途径、机制均有所不同。我们应充分意识到，城市森林建设不是简单的"工程建设"或者"植树活动"，而应充分理解并遵循"现状分析评价—规划设计技术方案—可持续运营管理"的全生命周期闭环，实现森林营建管保障机制的可持续性。

第六节　我国城市森林建设的关键问题

根据笔者研究，我国城市森林建设普遍面临四大关键问题：

首先，空间问题：在哪里建森林？森林并非想建在哪里就建在哪里，想建多少就建多少。在我国人多可用地少、人均耕地保有量低的基本国情下，农业与粮食安全始终是关系国计民生的头等大事。显然，森林建设不能简单地按照"理想化"的景观生态格局占用耕地进行大范围空间布局。同时，城镇化和产业发展对城市建设用地使用也是"刚需"；现实工作中，生态空间、生产空间和生活空间常常相互博弈、矛盾尖锐。如何在严格的耕地保护和城市建设用地保障前提下，科学地挖掘森林潜力空间，高效合理地布局森林网络，是公园城市森林营建面临的第一个关键问题。

其次，目标问题：建什么样的森林？公园城市森林是自然、荒野、不适于进人的森林？还是城市化、公园化的森林？或是二者兼顾？应该明确，在城乡一体化背景下，公园城市森林营建应首先满足区域生态安全格局构建和生态系统服务功能提升需求。此外，也应充分认识到，公园城市森林和纯粹的自然保护区等原始森林不同，除生态系统服务外，还需要更多兼顾城乡居民的文化、休闲、游憩等多重需求。此外，城市森林使用场景如何体现公园城市特点？如何彰显历史、文化、地域特色？如何放大生态价值？如何构筑大美城市形态基底？简而言之，森林建设应达成怎样的目标，是森林营建需要思考的关键问题。

　　再次，技术问题：怎样建森林？ 城市森林作为人工干预的、具有生命的绿色基础设施，如何使之适应当地自然、地理、气候条件，以最小的工程代价、最低的管护要求和管护成本，构建起健康的森林群落，促进其良性的自然演替，发挥最大化的生态效益？在符合地带性植被条件下，如何根据多样的地形地貌和微生境特征，形成具有丰富生物多样性和韧性的森林系统？如何在人工干预形成的森林中，形成高自然度、高生物多样性、强生态韧性，同时实现低维护管理要求，是森林营建需要解决的另一关键问题。

　　最后，机制问题：如何可持续发展？ 应充分认识到，森林营建是城市环境可持续改善的一部分，并非一蹴而就能够完成的。因此，森林营建不仅是工程问题，也不仅是技术问题，而是涉及城市社会经济方方面面。新的时代背景下，森林营建的客体（森林生长的土地）也不仅是单一的林地地类，其还可以是各类建设用地，甚至园地等。同样，公园城市森林营建的主体不仅仅是政府，企业、学校、社区、居民和社会团体等，都可以成为其中的一分子。此外，推动森林营建的力量也不仅是公共财政投入，还可以探索企业代建、社会公益力量，乃至金融机制推动等。如何构建起完善的机制，调动社会各界力量，实现森林可持续营建闭环，是森林营建需要解决的最后一个关键问题。

　　基于对上述问题的认识，即可明确公园城市森林建设的工作思路。在天府新区森林项目实践中，笔者基于"近自然森林"理念，在严格的耕地保障和建设用地约束情况下，提出以高效的森林系统、共享的森林系统、健康的森林系统和持续的森林系统四大战略为导向，对跨尺度城乡森林网络构建方法、主题森林与森林游径场景营造、典型生境森林群落营建技术和"森林银行"政策体系研究等四大板块进行深入研究，通过在"量""质""制"三方面的深入探索，旨在破解我国城市在"生态空间挤压"背景下的理想空间与现实空间博弈、社会－生态复合效益矛盾和全生命周期可持续营建管保障等难题。

第七节　本书思路与内容框架

如何卓有成效地开展公园城市森林建设呢？明确问题与需求，制定科学的工作思路是前提。四川天府新区作为"公园城市"理念首提地，近年来在公园城市森林建设方面开展了较为深入探索。2021～2023年，受四川天府新区生态环境与城市管理局委托，由笔者担任项目负责人，与岭南生态文旅股份有限公司、天府新区城市规划设计研究院共同承担了《天府新区直管区森林生态建设发展规划》（2021～2035）（以下简称《天府森林规划》）编制与相关专题研究工作。

在规划编制过程中，笔者结合多年的专业实践积累和本项目要求，开展了城市森林营建管全过程的深入研究，并形成了该项目以及本书的核心思路与主体内容。与项目同步，本书旨在从理论视角出发，梳理公园城市森林营建中面临的核心待解问题，提出笔者对"公园城市"理念首提地——天府新区森林生态建设发展的系统思考，同时以《天府森林规划》为典型案例，解析城市森林营建的前沿实践探索：

一、高效的森林系统构建——森林空间布局优化。在严格的耕地保障和建设用地约束前提下，如何保障基本的森林空间、挖掘潜力的森林空间、优化理想的森林空间布局，是实现公园城市森林"量"的平衡、达成高效空间治理的关键。针对公园城市森林营建的空间难题，本书首先对天府新区用地现状进行系统梳理，分析各类城乡用地中具有"可林化"条件的用地特征，在严格保障耕地需求和满足城市建设用地高效集约利用的前提下，得到城市森林覆盖率的基本保障。进而基于生态价值和社会价值统筹考量，开展区域尺度、城市尺度和跨尺度森林网络格局构建和空间布局优化工作。

二、健康的森林系统构建：森林群落营建技术。许多研究表明，人工森林系统的健康有赖于科学的森林群落营建。科学的森林系统往往蕴藏在地带性植被特征中。基于"近自然"理念，对天府新区及成都平原更大范围的典型适生生境进行实地调查，摸清该地区地带性植被特征，例如适生生境特征、森林群落组成、森林树种构成等，总结出经过较长时间考验的健康森林群落结构组成，以此作为近自然森林群落营建的参考。宏观的森林空间格局与微观的森林群落构建的是森林"质"的保障。

三、共享的森林系统构建：森林特色场景营造。前文提到，公园城市森林营建的重要目标不仅是固碳释氧、气候调节、水源涵养、水土保持、维持生物多样性等基础性生态系统服务功能，还有一个重大特征是要满足全民共享的高品质生活环境需求，其广泛体现为美学欣赏、休闲游憩、康体健身、文化服务等，并与前者融为一体。这就意味着公园城市森林营建不仅需要遵循近自然森林营建的一般规律，还需要遵循场景营造理论，有目的地选择或营造一些森林空间，形成公园城市特色森林服务场景。具有自然健康属性和社会服务属性的森林群落是公园城市森林"质"和"品"的体现。

四、持续的森林系统：森林发展机制探索。鉴于城市森林"营建管"过程涉及土地来源、资金、责任主体、参与群体、激励机制、管护运营等，是一个体系性、复杂性与长期性的工作；在双碳背景下，如何激发全社会力量共同参与森林"营建管"，实现可持续的全民共建与全民共享，具有十分重要的意义。因此，在与天府新区森林主管部门的共同探讨中，本书提出探索构建"森林银行"政策体系，旨在对参与主体、用地保障机制、服务支撑体系等森林"营建管"保障机制进行探索，丰富公园城市森林建设理论、方法和实践内涵。

第一节　土地问题与森林空间绩效

人多地少是我国的基本国情。著名规划师梁鹤年先生曾指出，在我国城市建设中，有一个关键的事实：优质的耕地和好用的建设用地往往都在城镇的周边，往往是同一块地。而城市作为居民密集的场所，为营造良好的生态环境，往往还需要占用耕地或者挤压建设用地进行绿地建设。这就造成了事实上的生态空间、建设空间、生产空间相互博弈、相互竞争的情况。如何平衡三者的数量比例，优化三者的空间布局，既需要符合一般的木桶原理和底线原则，还需要根据不同地区不同城市特点因地制宜。

对于公园城市天府新区而言，森林营建需与耕地保护、建设用地保障协同进行。天府新区地处四川盆地的核心区域——成都平原南部。自战国时期李冰主持修建都江堰水利工程以来，通过"深淘滩、低作堰""乘势利导、因时制宜""遇湾截角、逢正抽心"等治水方略，使在古代水旱灾害十分严重的成都平原在两千多年来变得"水旱从人"，形成的大量优质耕地，一跃成为蜀中粮仓和富庶之地，居民生活闲适而安逸，因而成为闻名遐迩的"天府之国"。现如今，以成渝地区双城经济圈为主体的四川盆地成为承载约1亿人口的我国社会经济"第四极"和长江发展带的上游"龙头"，是国家城镇化发展战略的关键地区。因而，天府新区的生态空间建设，无疑需要响应国家战略，兼顾耕地保护和城市建设用地保障这两个大前提，合理安排生态、生产与生活空间。

如何科学挖掘森林潜力空间、高效合理布局森林网络，是公园城市森林营建面临的第一个关键问题。为了解决森林空间布局这个难题，须突出以下两个方面的工作：

首先，挖掘城市森林潜力空间。《中华人民共和国森林法》（2020，以下简称《森林法》）规定：森林，包括乔木林、竹林和国家特别规定的灌木林。不过，如前文所述，城市森林具有其特殊性，可在多类用地中以多种形式广泛存在。许多学者对"城市森林"给出了较为宽松的定义，远没有《森林法》严格。其目的显然不是为了降低森林的标准，而是充分考虑了城市中各类用地交织，很难承载大规模森林，同时又迫切需要改善环境的现实。

为了充分挖掘城市森林空间潜力，本书提出"可林化"空间概念，并将其定义为：具有城市森林营建潜力的各类空间总和。"可林化"空间不仅包括传统意义上的林地，也包括园地、各类建设用地的附属绿地，甚至是符合一定生态功能要求的建筑立体绿化等。依据《中华人民共和国土地管理法》对土地的分类标准，可以依据农用地、建设用地、未利用地三大类，对各类用地中"可林化"的潜力进行分别挖潜。

其次，优化全域森林的空间格局。受限于耕地（尤其是基本农田）的不可移动性和城市建设用地本身的"集中成片"特点，"可林化"空间在空间上往往呈现出见缝插绿特征，十分破碎。城市森林要发挥生物迁移、物质能量交换、生物多样性保护功能，达成一个健康生态系统的目标，应在空间上主动干预，形成一个连通性良好的森林网络。除了生态服务功能外，城市森林还承载着休闲游憩、美学欣赏等社会服务功能，因此在森林网络的构建中还应提升其可达性。通过在区域尺度、城市尺度和跨尺度的森林空间格局优化，可以在相对较为有限的空间中，尽可能提升森林的生态社会复合效益。可见，公园城市森林建设，通过空间格局优化，提高森林空间绩效，是在我国人多地少国情条件下的一个非常重要的工作。

第二节 "可林化"空间挖掘

一、"可林化"空间的定义与标准

第一章第三节概述了相关研究和技术规范对城市森林概念的界定。本书结合天府新区森林规划研究实践，提出将"用地整理后能够达到形成森林所需连续界面特征、建设后能够发挥一定的森林功能、实现一定生物多样性功能的空间"，视为"可林化"空间。为激发城市森林建设潜力，并考虑城市森林建设空间稀缺的实际，本书对公园城市"可林化"空间中"林"的认定，除传统的乔木林地、竹林地、疏林地、灌木林地外，也纳入立体森林这一类型，包括屋顶花园、垂直绿化、架空层绿化等，"可林化"具体标准如下（表2-1）：

表 2-1 "可林化"空间标准

森林类型 ＼ 标准	连续界面	生态功能	生物多样性
乔木林地	连续面积大于0.067hm²	郁闭度 0.20 以上	片林：成片种植的乔木 林带：成带种植的乔木，林带行数应在两行以上且行距≤4m 或林冠冠幅水平投影宽度在 10m 以上
竹林地	连续面积大于0.04hm²	郁闭度 0.20 以上	附着有胸径 2cm 以上的竹类植物的林地
疏林地	连续面积大于0.04hm²	郁闭度 0.10～0.20	附着有乔木树种

续表

标准 森林类型	连续界面	生态功能	生物多样性
灌木林地	连续面积大于0.04hm²	覆盖度在30%以上	附着有灌木树种或矮化乔木树种，以及胸径＜2cm的小杂竹丛
立体森林	覆盖总面积之和大于400m²	单体或连续构筑物露地平面以外空间结构上的植物栽植	包括屋顶花园、架空底层绿化、垂直绿化、悬空绿化等，以禾本植物和藤本植物种植为主

二、"可林化"空间在实践中的选取

在我国森林建设实践中，"可林化"空间有多种地类来源。根据《中华人民共和国土地管理法》，所有城乡用地可分为三大类：农用地、建设用地和未利用地。从理论上讲，森林用地的来源都可以包含在农用地中的林地和园地，以及建设用地和未利用地中。实践中，也可以按社会大众常规认知的面状、块状的"地"，基于非城市道路的森林廊道（例如乡村道路两侧林荫道）和附属于建筑的立体森林等进行划分。在天府新区森林规划中，采用二者兼顾的方法进行梳理。

（一）林地

林地是指县级以上人民政府规划确定的用于发展林业的土地。通常包括郁闭度0.2以上的乔木林地以及竹林地、灌木林地、疏林地、采伐迹地、火烧迹地、未成林造林地、苗圃地等。林地是森林的天然来源和主体，是城市生态环境质量的最坚实保障。

（二）园地中的"可林化"空间

除林地这一森林营建的最大和天然来源地类外，城市森林同样广泛存在于园地和各类城市建设用地中。园地是指种植以采集果、叶、根茎等为主的集约经营的多年生木本和草本作物，覆盖度0.5以上的或每亩株数大于合理株数70%以上的土地，包括用于育苗的土地。园地除生产经营价值外，也发挥着非常重要的生态系统服务功能，是城市森林非常重要的地类来源。

（三）建设用地中的"可林化"空间

为保障城市环境水平，在城市建设用地大类中，也分配了"绿地"这一重要的地类。根据《城市用地分类与规划建设用地标准》GB 50137—2011 规定，建设用地中除用地独立的"绿地与广场用地"外，在各类建设用地中，还配套有相应的附属绿地。建设用地中的各类绿地占城市建设用地比重达 30% 左右，是非常重要的城市森林地类来源。

由于工业用地、居住用地、商业用地等不同建设用地中的"可林化"空间在规模、形态、用地条件上存在很大差异，为充分提升森林营建潜力，本书以相关规范和成都市具体建设要求为依据，结合优秀实践案例作为参考标准，估算各类用地适中的"可林化"空间的比例范围（图 2-1）。

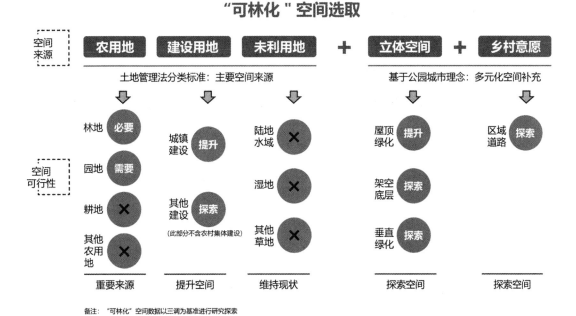

图 2-1 "可林化"空间选取示意

以居住用地中的住宅用地为例，说明"可林化"空间测算依据：

1. 查询相关规范。根据《城市居住区规划设计标准》GB 50180—2018，成都处于第三建筑气候区内，规定绿地率最小值为25%～35%；根据四川天府新区直管区用地出让条件可知，居住用地绿地率一般不小于30%。

2. 在地案例与优秀案例分析。本书选取相似条件的高水平城市建设案例进行林木空间占比分析，例如，天府新区新建住宅区蔚蓝卡地亚A区（报规方案）绿地率30%，"可林化"空间占绿地比值的50%；新加坡吉宝湾映水苑绿地率36%，"可林化"空间占绿地比值55%。基于多个案例的调查可得出：森林在绿地中占比为50%～55%时，居住附属绿地中森林、草地、硬质场地、步行道路等要素能够形成较为舒适的绿化环境，满足较高品质的使用要求。因此，研究以50%～55%作为天府新区居住用地附属绿地中"可林化"空间的合理取值区间。

3. "可林化"空间折算。根据1、2可折算出居住用地内可林化率：绿地率（30%）×可林化空间适宜比例（50%～55%）＝可林化率（15%～16.5%），进而可估算天府新区居住用地内森林潜在总量。

对于其他各类城市建设用地，以同样的方式可估算其附属绿地的比例、"可林化"空间在绿地中的占比，以及该用地类型"可林化"空间总量。以天府新区为例，估算建设用地中的"可林化"空间如下表（表2-2）：

表2-2　建设用地"可林化"空间挖掘结果

规划用地类型名称				面积（hm²）	绿地率（%）	绿地中"可林化"占比（%）	用地"可林化"占比（%）	"可林化"空间面积（hm²）
城乡建设用地	城市建设用地	居住用地	住宅用地	2351.16	≥30	50～55	15～16.5	387.94
			服务设施用地	246.55	25～30	55～60	13.75～18	44.38
		公共设施用地	行政办公用地	171.62	≥35	50～55	17.5～19.5	33.04

续表

规划用地类型名称			面积（hm²）	绿地率（%）	绿地中"可林化"占比（%）	用地"可林化"占比（%）	"可林化"空间面积（hm²）
城乡建设用地	城市建设用地	公共设施用地					
		文化活动用地	112.33	≥35	60～65	21～22.75	25.56
		教育用地	900.26	≥35	60～65	21～22.75	204.81
		体育用地	166.39	≥35	50～55	17.5～19.25	32.03
		医疗卫生用地	159.48	≥35	55～60	19.25～21	33.49
		社会福利用地	25.73	35～45	60～65	21～29.25	7.53
		文物古迹用地	3.08	—	—	25～30	0.92
		宗教用地	1.78	—	—	30	0.53
	商业服务业设施用地	商业服务业设施用地	1549.46	≥20	50～55	10～11	170.44
	工业用地	工业用地	231.00	20～30	40～45	8～13.5	8.78
	仓储用地	仓储用地	65.07	20～30	40～45	8～13.5	8.78
	道路与交通设施用地	城市道路用地	3275.98	—	—	17	556.92
		城市轨道交通用地	2.64	—	—	—	—
		交通枢纽用地	53.72	≥20	5～10	1～2	1.07
		交通场站用地	120.22	≥20	5～10	1～2	2.40
	公用设施用地	公用设施用地	162.21	≥15	60～65	9～9.75	15.82

续表

规划用地类型名称			面积（hm²）	绿地率（%）	绿地中"可林化"占比（%）	用地"可林化"占比（%）	"可林化"空间面积（hm²）
城乡建设用地	城市建设用地	绿地与广场用地	公园绿地	2542.19	≥65	60~70	39~45.5	1156.70
		防护绿地	319.74	100	80~85	80~85	271.78
		广场用地	24.68	≥35	40~45	14~15.75	3.89
		兼容用地	居住兼容商业	1113.25	—	—	15	166.99
		商业兼容居住	839.65	—	—	12	100.76
	其他建设用地	预留用地	—	580.01	—	—	19.25	111.65
		老镇区建设用地	—	439.96	—	—	15	65.99
		特殊用地	—	15.49	—	—	11	1.70
	合计	—	—	15473.65	—	—	—	3443.23
其他非建设用地	其他非建设用地	水域	—	171.33	—	—	—	—
		其他非建设用地	—	0.15	—	—	—	—
	合计	—	—	171.48	—	—	—	—
总计			15645.13	—	—	6.12	3443.23

（四）乡村道路森林

除城市外，乡村区域道路，也是重要的"可林化"空间来源。一般认为，依托乡村区域道路的具有两行及以上连续林带，也发挥着保护缓冲、物种迁徙、水土保持等森林生态服务功能，是构建区域性森林廊道的重要手段，因此可被视为"可林化"空间。

（五）立体绿化

在我国高密度城市中，绿色空间受耕地保护和建设用地保障影响，要达到较高占比十分困难。因此，探索城市建设的各类建筑，尤其是新建公共建筑的屋顶绿化、墙面绿化、架空层绿化、阳台绿化等各种立体绿化形式，也是城市森林建设的重要内容。虽然受建筑荷载等限制，立体绿化很难达到其他森林的效益水平，但由于可以提升土地利用效率，也应予以鼓励。

（六）"可林化"空间总量

以天府新区为例，考虑可实施、可管理等因素，估算其未来森林覆盖组成如下（表2-3、图2-2）：

表2-3　建设用地中的"可林化"空间汇总

用地类型	森林面积（hm²）	占全域的比例（%）	备注
农用地	10261.12	18.25	其中林地14.17%、园地4.08%
建设用地	3443.41	6.13	指城镇集中建设用地内的"可林化"空间（"可林化"比率均取高值）
立体空间	93.07	0.17	为绿色屋顶、架空层绿化等多种形式的绿化按一定比例折扣计算的结果
乡村道路	125.69	0.22	指建设区外区域道路按5m宽度林荫道的森林面积
合计	13923.29	24.77	

注：本表数据为研究测算数据，仅作研究示例之用，非经过法定审批程序审定后的数据。

面对严苛的城市建设用地及耕地保护政策的双重制约条件，通过"可林化"空间挖掘，探索了全域森林覆盖"量"的最大潜力。不过，森林作为生态系统，要充分发挥其效益，除了需要在"量"上达到一定水平之外，

"质"是一个另一个关键因素。而"质"主要取决于两点：宏观的空间布局与微观的群落结构。如何优化森林生态系统的质量，将在本章"城市森林空间布局"和第三章"城市森林群落建设"中予以重点探讨。

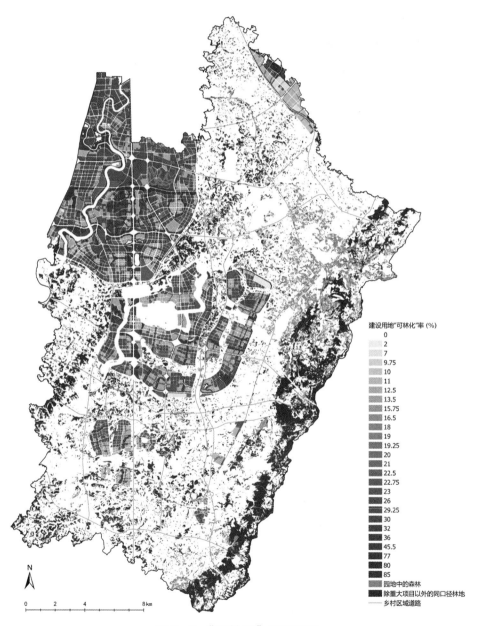

图 2-2 "可林化"空间总量

第三节　跨尺度森林空间网络构建方法
——综合生态社会服务框架（IESSF）

在我国人多地少的基本国情下，由于对农业用地的保护、城市建设开发和重要基础设施的建设，在现实中不断"蚕食"森林，城市森林系统往往变得破碎化、连通性差。如何进行森林空间布局优化呢？关键在于，如何充分利用森林生态系统的多尺度和城乡分异特征，保障关键位置的核心森林布局和森林廊道连通性，在土地约束情况下实现社会生态效益的复合化与最大化。

城市森林建设，首先要认识到城市建设区和广大乡村区域的目标差异。在乡村地域，城市森林主要目标是发挥其水源涵养、水土保持、生物多样性、固碳释氧等生态服务功能——即以生态效益为首要目标。当然，在乡村地域的风景优美的森林也可以构建自然公园，向城乡居民提供一定休闲游憩服务功能。在城市建设区，城市森林虽然也同样发挥着典型的生态服务功能，不过与乡村地域的森林相比，还需更多地为市民提供日常的休闲游憩、美学欣赏等社会服务功能——即在确保生态效益的同时也突出社会效益。

城市森林建设，其次要认识到城市森林生态格局具有的跨尺度特征。一般而言，城市森林建设包含两个尺度：城区尺度，主要是城市建成区及规划建设区；区域尺度，包含广大乡村地域在内的市域范围，例如市、区、县的行政管辖范围。"跨尺度"森林网络为兼顾社会生态复合效益提供了可能性。基于单一尺度（城市尺度或区域尺度）或单一功能的传统网络构建模式，容易出现社会-生态价值的割裂，带来较为有限的森林价值与较为低效的土地利用（图2-3）。通过耦合城市-区域空间尺度方式来优化城市森林空间格局，是实现社会-生态复合价值的重要途径。

在后城市化阶段，如何平衡城市森林的社会价值与生态价值，对提高

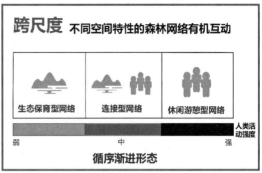

图2-3　多尺度与跨尺度的森林网络构建差异

城市绿色基础设施的效益、实现后城市化阶段的精细化空间治理具有重要意义。然而，不同尺度的城市森林功能上的异同、多个森林价值之间如何权衡的问题，都给跨尺度森林网络构建中实现最优整体价值带来了挑战。

为优化公园城市森林建设空间格局，本书通过跨尺度识别和综合权衡方法，构建了森林网络优化和城市森林社会－生态价值平衡的综合生态社会服务框架（Integrated Ecological and Social Service Framework，IESSF）。该框架首先在区域尺度上以固碳释氧、水土保持、生物多样性保护、气候调节、水源涵养五类生态价值指标为重点，覆盖城市周边广大乡村地区，构建强调生态源地保护和连通性的生态价值优先的森林网络；在城市尺度上以休闲游憩、景观美学、健康价值三类社会价值指标为重点，通过完善建成区空间范围内绿地服务覆盖率与绿地可达性，构建社会价值优先的森林网络。最后，利用以上八类社会生态指标综合评估社会生态价值，构建跨尺度的全域森林网络。

综合生态社会服务框架的具体步骤为：

步骤一：在区域尺度上构建生态价值优先的森林网络。作为大型山脉、河岸林地和林盘的集中区域，区域尺度的主要价值在于生态保护功能。采用熵值法对区域生态系统服务功能进行综合评价，采用形态学空间格局分析（MSPA）法对生态源地进行识别，然后采用最小累积阻力模型（MCR）和重力模型对生态森林网络进行构建。

步骤二：在城市尺度上构建社会价值优先的森林网络。城市建设区内的森林与区域尺度的森林不同，作为居民日常休闲娱乐的场所，应优先考量提供日常游憩空间、提供美学价值等社会服务功能。因此在城市尺度的森林网络构建中，需要将城市森林供给的主要来源——城市公园，与需求的主要目的地——公共交通站点、商业区和居民区联系起来，在空间布局上以提高城市尺度森林网络的可达性和服务覆盖率为主要目的。同样，首先采用熵值法对城市生态系统服务进行评估，然后利用网络分析法识别城市森林源地，并利用 MCR 模型和路径选择潜力定量评价模型识别和构建城市森林网络。

步骤三：建立跨区域和城市尺度的森林网络。城市森林具有跨尺度、功能复合的特点。一些特定的森林区域在城市尺度和区域尺度都具有重要作用。跨尺度森林网络构建的重点是识别上述区域，即在城市尺度有重要生态价值的源地、在区域尺度有重要社会价值的源地，以及全域范围内社会生态价值位于中值的源地。最后以这三类源地作为跨尺度森林网络构建中关键的节点（Keynodes）。然后利用 MCR 模型构建跨尺度森林连接网络。最后，为评价森林网络优化后的社会－生态价值，及验证跨尺度网络构建的有效性，我们利用 Fragstats 和 ArcGIS 软件对优化情况进行定量分析。整体构建框架如图 2-4：

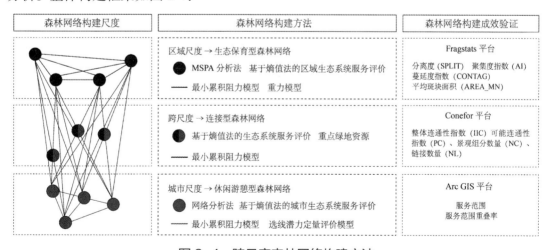

图 2-4 跨尺度森林网络构建方法

第四节　生态价值优先的区域尺度
森林空间格局优化方法

一、利用 MSPA 识别城市森林的生态源地

在森林网络中，存在着重要的区域及节点，我们将这些重要区域称为"核心森林斑块"或"生态源地"。如何识别出这些重要的生态区域及节点呢？首先，我们利用熵值法对区域生态系统服务功能进行评价。本研究中生态系统服务功能的生态价值评价指标确定为水土保持、水源涵养、生物多样性保护、气候调节、固碳释氧；社会价值指标确定为休闲游憩、景观美学和健康价值。通过对影响各指标的相关因素进行生态适宜性分析和模型计算，对 8 个代表性指标进行评价。基于生态系统服务功能评价结果和熵值法确定的生态系统服务功能权重，对区域生态系统服务功能进行综合评价，为生态源地功能识别提供依据。

其次，基于 MSPA 方法对生态源地进行识别。MSPA 运用网络开运算、闭运算等原理识别目标像元集与结构元素之间的空间拓扑关系，将 TIFF 格式二值栅格前景数据划分为核心区、桥接区、边缘区、支线、孔隙、环岛、孤岛等景观类型，并对结果分类统计。基于城市发展规划土地利用类型数据，使用 ArcGIS 将林地、灌草地作为前景，其余城市要素作为背景，生成二值栅格 TIFF 格式图，利用 Guidos Toolbox 2.8 中的 Pattern 模块进行计算，得到相应 MSPA 景观类型。在核心区选择面积 $\geqslant 10hm^2$ 的斑块作为备选生态源地（图 2-5）。

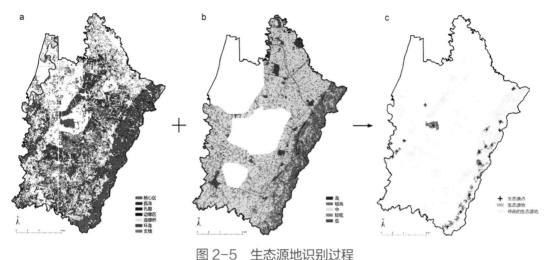

图 2-5　生态源地识别过程

a MSPA 分析；b 区域尺度生态系统服务功能综合评估；c 核心森林斑块

二、基于 MCR- 重力模型的区域尺度森林网络构建

得到这些重要的生态源地后，如何构建一个森林网络将它们连通起来？为解决这个问题，我们使用了一些模型算法以计算在连接它们时较为可行的廊道选线。使用 MCR 模型生成最小累积阻力成本路径。MCR 考虑了源、距离和景观界面特征来计算物种在源目标间运动过程所需要耗费的代价。其基本公式如下：

$$R_{MC} = f_{\min} \sum_{j=n}^{i=m} (D_{ij} \times R_i)$$

式中：R_{MC} 为最小累积阻力值；D_{ij} 为物种从源地 j 到景观单元 i 的空间距离；R_i 为景观单元 i 对某物种运动的阻力系数；$f_{\min}$ 表示最小累积阻力与生态过程正相关关系。

结合既有文献研究和天府新区实际情况，将天府新区物种和生态系统阻力系数分成 5 个等级，分别用 1、2、3、4、5 表示阻力大小并进行阻力值赋予及权重确定，利用多因子加权叠加模型建立阻力模型构建生态阻力面（表 2-4）。具体操作为：首先将源地面要素转为点要素，使用 ArcGIS 栅格计算器结合权重依据公式计算所有阻力因子综合阻力基面，再利用

Cost Distance 模块构建成本栅格数据与成本回溯链接，最后使用 Cost Path 工具生成源地间可连通的最小阻力成本路径。

表 2-4　阻力面评价体系表

区域尺度	城市尺度	高程（m）	坡度	土地利用类型	水系距离（m）	主要道路（m）
5	1	< 200	< 3°	裸地	> 500	< 50
4	2	200～400	3°～5°	建设用地	250～500	50～100
3	3	400～800	5°～15°	耕地	100～250	100～250
2	4	800～1200	15°～25°	林地／水体	50～100	250～500
1	5	> 1200	> 25°	灌木林地／草地	< 50	> 500
权重						
区域尺度	0.17	0.15	0.37	0.15	0.16	
城市尺度	0.17	0.20	0.18	0.30	0.15	
跨尺度	0.50	0.50	0.50	0.50	0.50	

得到构建"阻力"最小的森林廊道后，再将廊道按重要程度进行了一次分类。通过重力模型评估城市森林网络在区域尺度上的重要程度。此步骤运用重力模型计算源地间的相互作用力强度，根据相互作用力强度的量化结果确定各网络的重要性程度，从而实现森林网络的分级化处理，为网络构建提供更准确的价值参考。根据已确定的生态源地构建相互作用矩阵，并根据矩阵评价结果，提取相互作用力大于临界值 40 的森林网络为重要网络，其余为一般网络。计算公式为：

$$F = G_{ij} = \frac{N_i N_j}{D_{ij}^2} = \frac{\left[\dfrac{1}{P_i} \times \ln S_i \right]\left[\dfrac{1}{P_j} \times \ln S_j \right]}{\left(\dfrac{L_{ij}}{L_{\max}} \right)^2} = \frac{L_{\max}^2 \times \ln(S_i)\ln(S_j)}{L_{ij}^2 P_i P_j}$$

式中：F 为生态重力，G_{ij} 为斑块 i、j 间的相互作用力，N_i、N_j 为斑块权重值，D_{ij} 为斑块 i、j 间潜在网络阻力值，S_i、S_j 为斑块 i、j 阻力值面积，P_i、P_j 为斑块 i、j 阻力值，L_{ij} 为网络 i 到 j 之间网络累积阻力值，

L_{max} 为网络阻力最大值。

　　为得到符合真实情况的廊道，我们结合遥感卫星影像与第三次全国国土调查（以下简称"国土三调"）用地类型数据，绘制真实的森林生态网络（图 2-6）。由图可知，结果差异性显著，颜色越深表示生态源地间相互作用程度越强。其中，重要的森林廊道主要分布于龙泉山脉，一般的森林廊道主要分布于从毛家湾生态关键区跨越城市建成区连接龙泉山脉的区域。

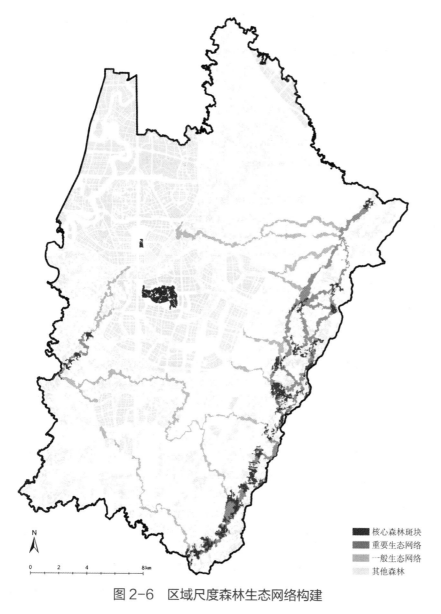

图 2-6　区域尺度森林生态网络构建

第五节　社会价值优先的城市尺度
森林空间格局优化方法

一、基于熵值法和网络分析法的城市绿源源地识别

在建成区，城市森林与居民的游憩需求高度相关，实现森林的社会服务效益是森林空间布局的首要目标。依托于作为游憩目的地的城市公园系统和具有连通或迁徙作用的带状绿化廊道，因此本研究以城市公园作为城市尺度上的森林源地研究的主体。

怎样去评价城市公园的服务效益呢？相关研究表明，公共交通、商业服务设施、居住区与城市公园的服务效益密切相关，距离居住区、商业区和交通站点较近的城市绿地往往具有更高的使用率。因此我们将公园的服务覆盖程度作为评价的对象。我们采用网络分析法，在城市森林空间设计中提出了基于供需平衡理念的"P-TBR"模型，将公共交通（Traffic）、商业服务设施（Business）和居住区（Residential）这三个与市民游憩需求高度相关的因素联系起来，并以城市公园（Park）作为城市森林空间布局的基础。具体步骤如下：

步骤一：数据预处理。依据四川天府新区直管区的控制性详细规划，对道路、城市公园、居民区、商业区、交通站点（公交车站、地铁站）进行处理，构建矢量数据库。

步骤二：确定城市公园服务区的范围，并分配不同的权重。《四川天府新区总体规划（2010—2030）》中对城市公园的规划要求主要基于综合公园和社区公园，因此本研究主要考虑这两类城市公园。结合人们到达城市公园的心理预期成本，将综合公园的服务范围定为600m、1200m和1800m三个等级，将社区公园的服务范围定为500m和1000m两个等级。经过服务范围分析，识别绿地供应的盲区，这些地方则需要在未来

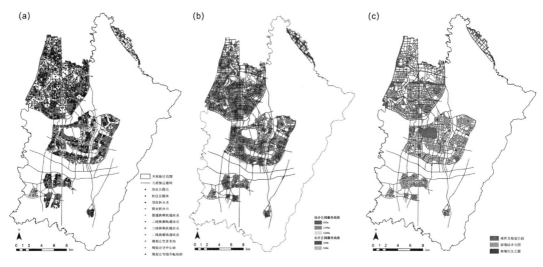

图 2-7　城市绿地服务盲区识别

（a）现状及规划路网空间布局；（b）规划社区公园与综合公园服务范围；（c）新增公园需求点位

的规划中新建一些公园或提供新的绿地，满足该区域人们对绿地的需求（图 2-7）。

步骤三：使用网络分析法识别绿源源地。依据城市尺度绿源源地的网络分析筛选方法和"P-TBR"的要求，从供需平衡的角度识别现有和规划的公园完全没有服务覆盖的区域、两者服务范围都覆盖的区域、仅有综合公园覆盖的区域和仅有社区公园覆盖的区域。根据这四类区域中"T""B""R"的分布，识别应增补的综合公园和社区公园点位，消除城市公园服务覆盖盲区，实现可达性的目标。再结合城市尺度生态系统服务功能综合评价，得到城市森林源地布局结果（图 2-8）。

二、基于 MCR- 选线潜力定量评价模型的城市尺度森林网络构建

同样，城市尺度的绿源源地也需要一个系统性的森林网络来连接。我们使用 MCR 和选线潜力定量评价模型来评估和构建城市尺度的森林网络。MCR 模型详细原理已在区域尺度森林构建中说明。除此之外，本研究还

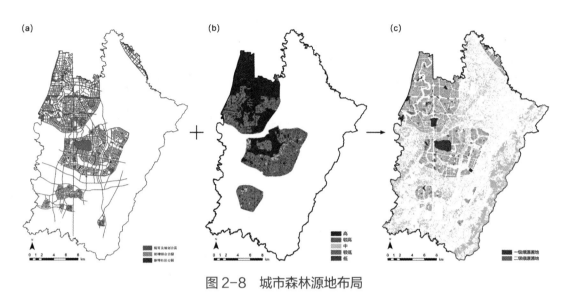

图 2-8　城市森林源地布局

（a）网络分析法结果；（b）城市尺度生态系统服务功能综合评估；（c）城市森林源地

使用选线潜力定量评价模型，通过对城市的关联游憩资源（公园绿地、商业、娱乐体育中心等）的分析，筛选合适的森林廊道，从而提升城市森林网络服务的适宜性与高效性。

选线潜力定量评价模型由游憩吸引强度、游憩需求强度、建设适宜度三类评价指标组成。结合天府新区的实际情况，将 10 分制的三类评价指标等距划分为 3~5 个等级。分数越高，对城市森林网络连接的适宜度越高，这决定了对指标具体内容的评价和分数的分配。在权重分配的基础上，通过对城市重要游憩资源（公园绿地、商业文化设施、游憩和体育中心等）的评估，去除相对较差的 MCR 网络选线结果，最终确定城市森林游憩网络格局及一二级森林游径（图 2-9）。

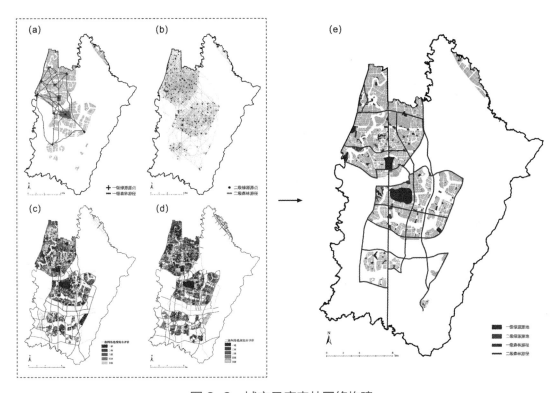

图 2-9　城市尺度森林网络构建

（a）一级森林游径；（b）二级森林游径；（c）一级网络选线综合评价；
（d）二级网络选线综合评价；（e）城市尺度森林游径构建结果

第六节　跨尺度森林建设空间格局优化方法

一、跨尺度森林建设空间格局优化过程

如何将区域尺度的森林网络与城市尺度的森林网络构建成为一个整体
效益最优的跨尺度森林网络？为将全域森林中具有生态社会综合价值的
源地筛选出来，我们将以下三类源地视为跨尺度网络构建中的关键源地
（图 2-10）：

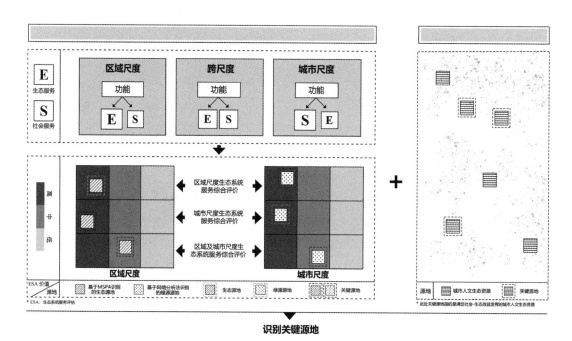

图 2-10 跨尺度森林网络的关键源地识别方法

■ 位于社会服务高值区的核心森林斑块（即生态源地）

■ 位于生态服务高值区的城市绿源源地

■ 位于全域生态系统服务中值区的关键源地

结合天府新区相关数据，通过制图得到关键源地，我们利用 MCR 模型生成跨尺度生态和游憩森林网络构建的成本路径，得到推荐的森林廊道（图 2-11）。经过筛选后，用廊道将关键源地连通成为一个整体，从而将城市尺度和区域尺度的森林网络跨尺度构成一个大的整体（图 2-12），实现整合社会价值和生态价值的目标。本研究基于国土三调数据、遥感数据和实地调研，结合天府新区绿道专项规划中的相关城市森林廊道的宽度要求、天府新区控制性详细规划，最终确定区域尺度的生态森林网络宽度为 200～1000m，城市尺度的游憩森林网络宽度为 3～100m。最后基于用地类型数据与卫星影像进行人工校正，得到天府新区全域真实森林网络（图 2-13）。

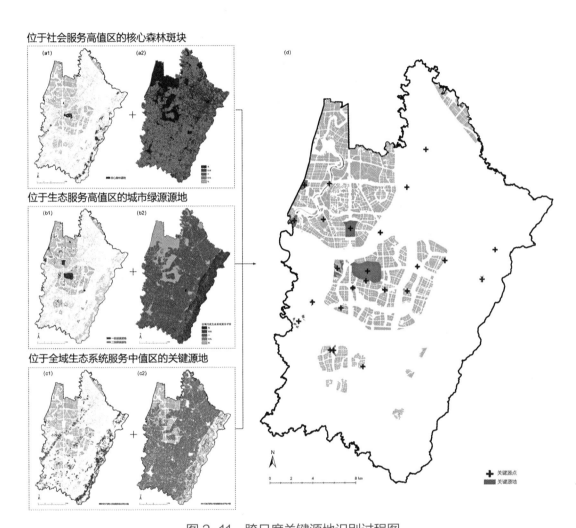

图 2-11 跨尺度关键源地识别过程图

（a1）核心森林源地；（a2）城市尺度生态系统服务评价；（b1）城市绿源源地；
（b2）区域尺度生态系统服务评价；（c1）城市尺度生态系统服务中值区；
（c2）区域尺度生态系统服务中值区；（d）最终确定的跨尺度关键源地

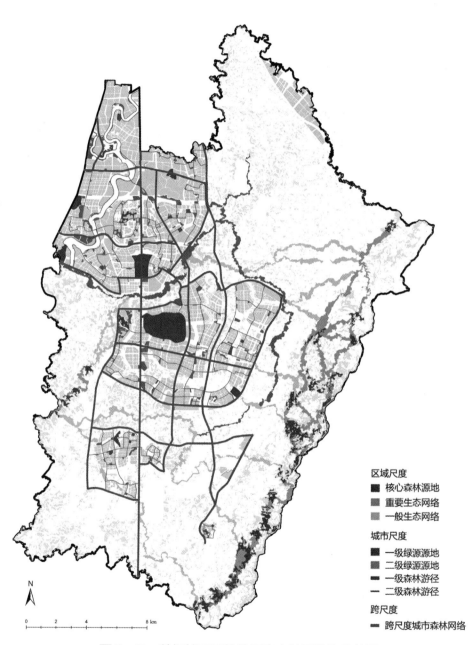

区域尺度
■ 核心森林源地
■ 重要生态网络
■ 一般生态网络

城市尺度
■ 一级绿源源地
■ 二级绿源源地
━ 一级森林游径
━ 二级森林游径

跨尺度
━ 跨尺度城市森林网络

N

0 2 4   8 km

图 2-12　数据校正后的跨尺度森林网络构建结果

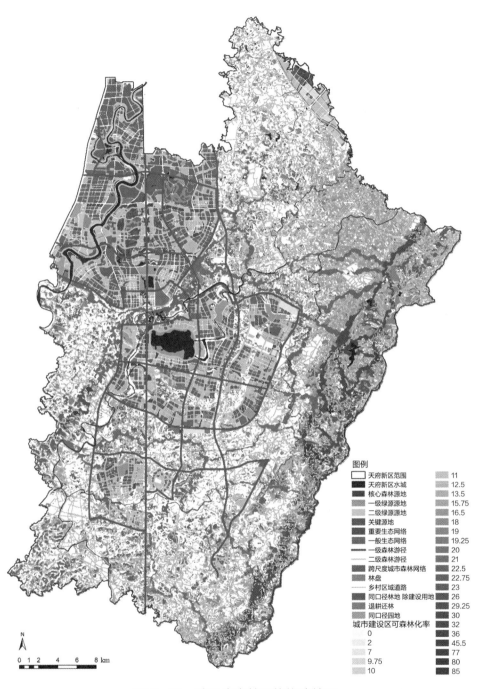

图例

□ 天府新区范围	11
■ 天府新区水域	12.5
■ 核心森林源地	13.5
■ 一级绿源源地	15.75
■ 二级绿源源地	16.5
■ 关键源地	18
■ 重要生态网络	19
■ 一般生态网络	19.25
— 一级森林游径	20
— 二级森林游径	21
■ 跨尺度城市森林网络	22.5
■ 林盘	22.75
— 乡村区域道路	23
■ 同口径林地 除建设用地	26
■ 退耕还林	29.25
■ 同口径园地	30
城市建设区可森林化率	32
0	36
2	45.5
7	77
9.75	80
10	85

图 2-13 跨尺度森林网络构建结果

二、跨尺度森林建设空间格局优化结果

在严苛的城市建设用地保障及耕地保护政策等约束条件下，本规划使森林空间增加 16.65km²。在生态效益上，平均斑块面积由 1.25hm² 提升至 1.49hm²；分离度（SPLIT）由 1418.84 降至 203.61（无量纲）；聚合指数 AI（Aggregation Index）和离散指数 CONTAG 分别提高 4.00% 和 2.72%。在跨尺度森林网络构建后，整体连通性指数 IIC（Index of Integrated Connectivity）规划前为 29.13%，多尺度构建后为 44.29%，跨尺度网络构建后则达到 46.40%。可见经过本规划对森林的空间格局优化后，森林网络的生态价值发挥得到了明显改善。在社会效益上，城市森林服务范围平均提高 15.34%，森林服务范围及服务重叠率平均提高 28.45%，绿地能够覆盖更多的城市建设用地，使更多的潜在用户能够便捷地使用。除此之外，在本规划方案的主题森林与森林游径系统化的构建下，整个天府新区的森林会有更多不同的功能和场景，人们对绿色空间的选择将更加丰富多样。

至此，通过全域跨尺度的森林建设空间格局优化，以及制定保护、修复和新增三类森林范围线及管理清单，对后续的森林管理提供了依据。对现实"可林化"空间潜力的挖掘、理想森林空间格局的构建与探索、森林空间改善提升区域的识别、森林管理清单的制定，为天府新区的森林建设发展提供了精确的空间指引，使规划具有了较强的落地性和可操作性。但在整个森林网络的构建中，也存在着一些不足，例如：

数据的时效性。林业二调数据对林木的生长情况记录较为全面翔实，但它发布于 2014 年，与规划的时间已有近 10 年的差距，时效性较弱。国土三调数据为 2020 年成都市同口径（省国土下发天府新区）数据，在后期结合卫星影像的工作中，发现小部分区域的实际土地利用情况与国土三调数据的类别已有所不同。动态的、最新的人类活动对自然的开发利用情况难以及时被反映在数据中。

指标的代表性。在森林网络建设布局优化过程的源地识别过程中，使用了生态系统服务这个研究框架，但其中的社会价值——景观美学和游憩娱乐，作为森林的社会服务功能，缺乏一定的代表性，因此在判断森林的生态系统服务价值时仍存在局限性。

方法的局限性。在城市尺度绿源源地识别过程中，使用网络分析法评价市民对绿地的需求时，仅选择了交通站点、商业区或居住区作为需求分析的参考，且考虑的是基于数量均等的"供给公平"，这只是供需平衡研究较为基础的等级。在跨尺度森林网络构建的成效验证中，仅基于结构连通性（即跨尺度森林网络的拓扑结构、空间分布和距离等）进行评价，尚缺乏对生物多样性、物质能量流动等的评价。

在本规划期内（至 2035 年），四川天府新区直管区城市建设仍会处于动态发展阶段，整个区域的土地利用会持续变化，城市规划者与决策者需要在科学理解绿色基础设施的不可或缺性、难以移动性和城市发展用地需求与空间规律的基础上进行战略决策。

第三章 健康的森林系统：城市森林群落建设

第一节　城市健康与"近自然"森林营建

一、生物多样性是城市森林健康的基础

健康的城市森林是城市健康的重要保障。城市是一个复杂巨系统。工业革命以来，几乎所有城市都遭遇过空气污染、噪声污染、土壤污染、饮用水问题和传染性疾病等问题。据世界卫生组织估计，截至2021年全球仍有近40%的城市居民无法获得安全管理的环境卫生服务，城市地区大约有91%的人呼吸着被污染的空气。并且城市环境中的不健康生活和工作条件、绿色空间不足、城市热岛、缺乏良好的步行交通条件等，导致心脏病、哮喘和糖尿病等非传染性疾病高发，同时还与抑郁、焦虑和精神疾病发生率高有关。研究表明，管理完善和健康的城市森林不仅能够帮助维持和改善城市内部和周边的空气、水的质量，还有助于在森林里游览的人降低血压、脉搏、皮质醇水平，增强副交感神经系统的活动，缓解过度疲劳，使身体恢复到平和、镇静的状态。越来越多的证据显示，森林与心理、身体、社会和

精神健康之间存在着积极的关联，而且这些因素都相互联系，构成了良好健康的基石。

生物多样性是城市森林系统健康的重要保障。森林本身是一种极具生物多样性的环境，为多种动物和植物提供栖息地。广义的城市森林不仅包括乔、灌、草、竹、蕨、苔、藓等各类植物，还包括生活在其间的鸟、兽、虫、鱼等各类动物，真菌和微生物，以及它们赖以生存的气候与土壤等。健康的城市森林系统关键在于丰富的生物多样性，包括生态系统、生境、物种、种群、个体和基因等。森林的生物多样性对人类而言具有不可替代的价值：是改良土壤、涵养水源、调节气候、净化环境的基础和保障，同时也是全人类食源、水源和健康的保障。

全球生物多样性快速丧失并带来严重后果。令人忧心的是，仅在 2010 年至 2015 年间，全球就有 3200 万 hm^2 的森林消失。2020 年《生物多样性和生态系统服务全球评估报告》显示，目前约有 100 万种动植物濒临灭绝。在接下来的 10 年中，四分之一的已知物种可能将从地球上消失。联合国环境规划署指出，2019 年新型冠状病毒（COVID-19）是大自然向我们敲响的警钟，它清楚地表明，破坏生物多样性，就是在毁灭支持人类生命存续的系统根基。由于人类活动破坏了野生动植物栖息地、降低动物种群的遗传多样性、导致气候变化加剧并引发极端天气事件，最终破坏了自然界的微妙平衡，为病毒在动物种群与人类之间的传播创造了条件。

所幸的是，如果我们能够有效地调控造成森林退化的因素，科学地开展森林营建，修复受损的森林生境和群落，往往可以成功地恢复森林的生物多样性，提升森林的生态系统服务效率。对于居住量超过半数人口的城市而言，科学的城市森林营建对生物多样性恢复并提升城市健康水平具有十分重要的作用。

二、森林群落建设是生物多样性恢复的关键

城市森林生态系统建设需要着眼于群落。在上一章中，我们回答了

"在哪里建森林"的基本问题。在本章中，为了回答"怎样建森林"，我们需要将思维和视角从"景观"尺度转换到"生境"尺度。景观尺度下，社会与政策因素主导了"森林建设"的语义范围，其核心是森林空间布局问题。尤其是对于城市森林而言，除了远郊相对较大尺度的森林，城市建设区内的森林用地布局往往比较细碎，规模往往较小。如何在有限的空间条件下提升森林生物多样性，发挥出森林的复合效益，有赖于科学的森林群落建设。在生境尺度下，我们得以更加纯粹地从微观的角度来理解森林建设问题，回归自然本身。视角的切换对于实现完整的森林生态规划是必要的，森林空间规划中的理念引导、宏观布局最终都需要通过微观的方式落地。森林作为复杂的生态系统，蕴含着大量的生物与环境的交互作用，深入理解和掌握森林群落基本运作规律是森林生态系统建设的基础。

城市森林建设的目标应从现实出发。森林的建设与恢复往往是复杂的，从保护生态学的角度来看，拥有高自然性的森林群落无疑是最理想的。但城市内部的森林群落面对着更为复杂的社会与经济需求，单一的"保护（reservation）"并不是实现城市森林群落功能提升的最佳办法。我们认为，"恢复（restoration）"和"协调（reconciliation）"是城市森林建设的重要理念。有大量的城市森林处于典型的"人工生态系统"当中，高强度的人类活动严重影响了森林的原有植物组成与演替方向。显然，圈地保护不是城市森林质量提升的主要任务，我们希望能够协调人类活动与森林质量提升，从现实出发，将城市森林恢复到更优良的状态。

城市森林建设的思路应该以问题为导向。城市森林有着不同层次的问题，以天府新区来讲，其次生林和人工林远比自然林更加常见。前两者都面临不小的问题，次生林是遭受严重干扰后经过次生演替形成的森林群落，通常拥有丰富的自生植物，但由于植物组成的不稳定，群落生态效益仍有提升空间；人工林是按照人类主观意愿营造培育的森林，尽管拥有高郁闭度，但单一的林分使得其生态功能无法达到自然林的平均水准。从局部来看，部分森林群落结构简单、物种组成单一、景观层次较差。天府新区面临着大量已有森林质量偏低，亟待改善的现实。因此，我们必须以解决问题为导向，探索适合森林群落建设的思路和方法。这也使得我们的理念转向为："问题"与"现实"导向的森林群落建设。

三、在地化的"近自然"城市森林群落营建

"近自然"森林理念与基于自然的解决方案（NbS）。 人们很早就意识到了与自然和谐共处有利于社会的发展。早在 1898 年盖耶尔（Gayer）就提出"近自然"森林的类似概念——"近自然造林（Close-to-nature Silviculture）"，直到今日这个词依旧被大量地使用。"近自然"成了许多城市森林群落的建设目标。2008 年，世界银行在《生物多样性、气候变化和适应：世界银行投资中基于自然的解决方案》中，首次提出了基于自然的解决方案这一理念，强调保护生物多样性对气候变化减缓与适应的重要性。2009 年，世界自然保护联盟（International Union for Conservation of Nature，IUCN）在提交给联合国气候变化框架公约第 15 届缔约方大会的报告中，强调了NbS 在应对气候变化中可以起到的作用，并将 NbS 定义为"通过保护、可持续管理和修复自然或人工生态系统，从而有效和适应性地应对社会挑战，并为人类福祉和生物多样性带来益处的行动"。本质而言，"近自然"森林营建就是 NbS 在森林建设中的具体体现。当然，对于城市森林群落建设，单纯地照搬"近自然"或"NbS"概念是盲目且低效的。我们必须深入理解这片土地上的"近自然"意味着什么，从而实现在地化、乡土化的"近自然"城市森林群落营建目标。

实现在地化的"近自然"森林建设需要全面认识城市森林现状。 "近自然"的内涵可以理解为模仿自然、学习自然，其生态学意义是指实现森林的结构组成和生态效益尽可能地最大化。同时，这也是在"人类世"背景下诞生的词语，所以"近自然"的终极效益必须是人类需求和生态效益

相平衡的结果。我们希望城市森林能够恢复到"近自然"状态，实现生态和社会效益的协调，成为真正意义上的"健康的森林"。要达到这个目标，工作的切入点应该是全面地掌握森林本底资源状况，系统了解经过长时间自然演替的健康森林特征，以在地化的基础研究作为"近自然森林"营建的前提条件，即开展全面的城市适生森林群落调查。

天府新区地带性植被类型属于亚热带常绿阔叶林，土质肥沃、降雨丰沛，具有营建森林的良好条件。**森林群落的质量提升是公园城市森林生态建设的关键内容**。森林是城市中最复杂的生态系统之一，也是城市生态的核心绿色源地。森林群落构成不但影响着调节、供给和支持等生态系统服务，也深刻影响了城市的生物多样性保护、碳循环和生态格局与功能。我们应该重视城市森林群落营建，使之成为公园城市健康可持续发展的重要生态因素。**本章聚焦城市森林群落本体的质量提升，以基础数据收集和实地调查结果为依据，探索了在地化的公园城市"近自然"森林群落建设的技术方法与路径。**

第二节　适生森林群落实地调查方法概述

一、群落调查方法与数据记录

植物群落的实地调查首先需要确定调查形式与调查内容。森林群落构成除具有地带性特征外，还与生境条件密切相关。生境是指生物个体或生物群体分布生活的地域环境，包括必须的生存条件和其他对生物起作用的生态因素，例如地形、海拔、方位等。因此，要进行"近自然"森林群落营建，首先应摸清该区域各类典型生境的森林群落状况。由于天府新区地域辽阔，进行全面的植物调查作为本次规划的基础资料收集手段是不实际的。所以，研究采取了典型分层抽样作为最终的调查形式。首先，我们以现存森林的生境特征作为分层的依据，根据卫星影像目视解读和预调研，将天府新区现存森林按环境和土地利用特点初步划分为：山脉、水域（溪河流、湿地）、城市（公园、商业区、工矿企业、居住区）、道路交通（城市、乡村）以及成都平原所特有的"林盘"等类型，并对每种类型的森林群落进行采样。

通过对高精度卫星影像数据进行研判和实地筛查，以森林的群落结构完整性和演替状态的稳定程度作为首要选择原则，最终选定 78 处目标样地开展调查（最终符合调研目标的有效样地 70 个，图 3-1）。为了更全面地认识城市森林，我们将部分邻近天府新区、具有类似生境的典型高质量城市森林也纳入了我们的调查范围。

团队于 2020 年 7 月 7 日至 21 日进行了为期两周的城市适生森林群落样地调研。本团队作为规划设计型团队，并不擅长传统植物社会学的样方调查，因此邀请并组建了专业植物调研团队，双方协同完成了森林群落的调查（图 3-2）。团队成员总计 12 人，分为 3 个调查小组，每组 4 人，包括一位植物辨识专员和三位信息记录人员（表 3-1）。部分位于郊野的山脉浅丘森林样地已趋近自然封林状态，需要徒步并使用砍刀开辟出临时小径；部分溪河流和湿地森林样地位置偏远，几无正常道路，需涉水前行，单程 1 个小时左右才能到达（图 3-3）。

累计采样符合条件的森林群落乔灌样方 70 个，总面积约 30656m²。标准乔灌样方尺寸为 20m×20m，部分样方根据实际情况调整尺寸，例如，部分道路交通和河岸带森林生境由于宽度限制，则采用如 10m×40m、8m×50m 不等的样方，以保证单次采样面积不少于 400m²。我们首先记录了每一个样方的基础地理信息和典型生境特征，包括：经纬度、地形地貌、坡向、坡度、坡位、土壤类型、生境类型、干扰程度、周边环境特征和周边典型伴生植物（图 3-4），并现场绘制了群落的垂直结构示意图（图 3-5）以及林盘森林群落的平面图（图 3-6）。总体来看，天府新区的城市森林拥有丰富的生境特征和多样的群落类型。

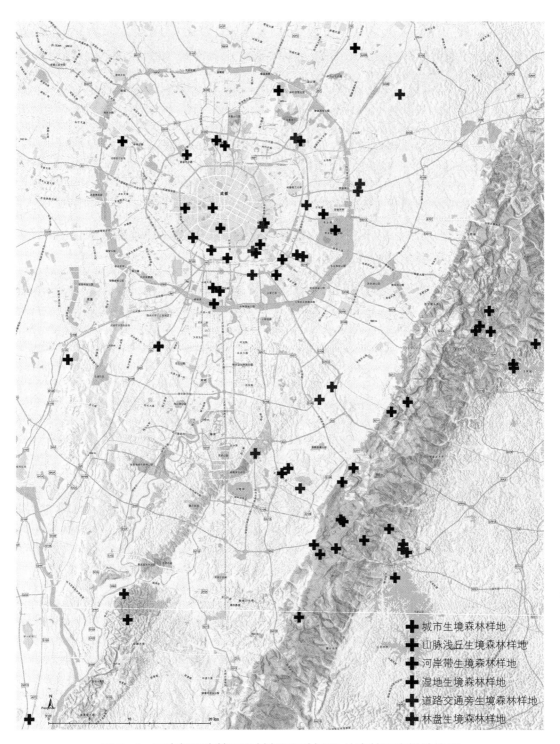

图 3-1　天府新区直管区及其邻近区域 70 处森林调查样地位置

图 3-2　团队成员正在进行群落样方调查

表 3-1　调查任务分工

调查小组	成员 1	成员 2	成员 3	成员 4
任务安排	植物辨识	信息记录 / 确定样方 / 标注点位 / 信息整理	拍照记录 / 照片信息整理 / 群落剖面图绘制	拍照记录 / 规划设计判断

图 3-3　团队成员正在前往调查样地

表1.植物群落样地记录总表

样地号：53 (1663 国宾公园)		样地面积：20×20		调查者：吴子敏					调查时间：2020.07.19 13:00		
群落类型：常绿 落叶阔叶林			群落层次：乔灌草								
群落名称：银杏-樟树闷-蝴蝶花1			拟构建主题森林类型：蜀都之林，兔竟之森，包末公森								
经纬度：北纬 30°37′55.43″ 东经104°2′2.23″			海拔：447m					地貌：坡地1			
坡向：半坡 阳坡			坡度：12.3°					坡位：中坡坡			
干扰程度：无干扰□ 轻度干扰□ 中度干扰☑ 强度干扰□			土壤类型：沙壤土黑土(中有有机质)								
生境条件	样地生境类型：城镇生境1 (城市公园)										
	样地四周的环境情况：道路安，居住地外小区等										
	样地周边植物：樟树、银杏										

群落结构 h 2~60

层次	T	T1	T2	T3	T4	S	S1	S2	H	V	备注
高度(m)	6.0~9.5			6.0~9.5	6.0~7.00	0.1~6.0	0.4~5	0.1~2.5	0.02~0.55	0.01~1.7	
盖度(%)	72%					56%			22%		

样地信息备注

B+: 城市(镇)生境：城市公园
蜀都之林，兔竟之森，包末公森

①样地位于城市道路安，为应急、避难场地及公园结合的社区公园，
样地乔化久远，集备休闲、娱乐、运动(羽毛球场)等功能，植被丰富。

②样地植被乔-灌结构稳定，植被覆盖率率高，但无地被层，需要增补
地被植构。

③样地可进入能力强，适于人们休闲、来东等活动。

④植被错接的种类较好，只有部份种草需要改造。

⑤银杏样地有多个树种的小苗，生长旺盛，植被更新良好，可稳定生长。

图 3-4　团队成员现场填写的森林植物群落样地记录表

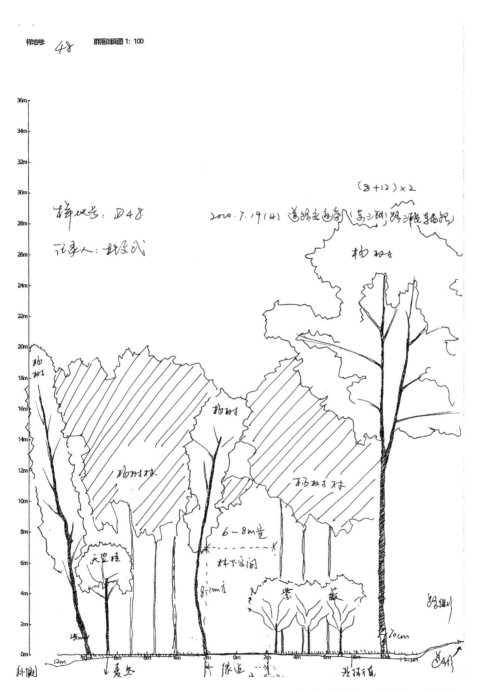

图 3-5　笔者在调研现场绘制的典型道路交通旁森林群落垂直结构示意图

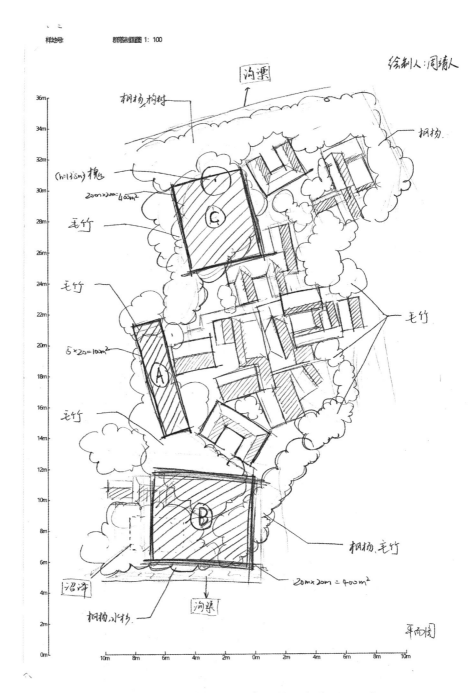

图 3-6　团队成员绘制的典型林盘森林群落平面图

　　团队对样方内的植物群落特征与植株个体特征进行了详细记录。 针对植物群落特征，分别记录了群落层次、乔木层、灌木层和草本层的盖度，以反映群落内的垂直分层特征；针对植物个体特征，对乔灌样方内所有胸径（DBH）≥ 1cm 的乔木个体的中文名、胸径、高度、冠幅、枝下高和生活力进行了记录；对乔灌样方内所有灌木个体的中文名、基径、高度、冠幅和生活力进行了记录；对草本样方中的所有草本个体的中文名、平均高度和多度进行了记录；对层间层的藤本和附生植物的中文名、高度、攀援宿主中文名和多度进行了记录（图 3-7a，图 3-7b）。

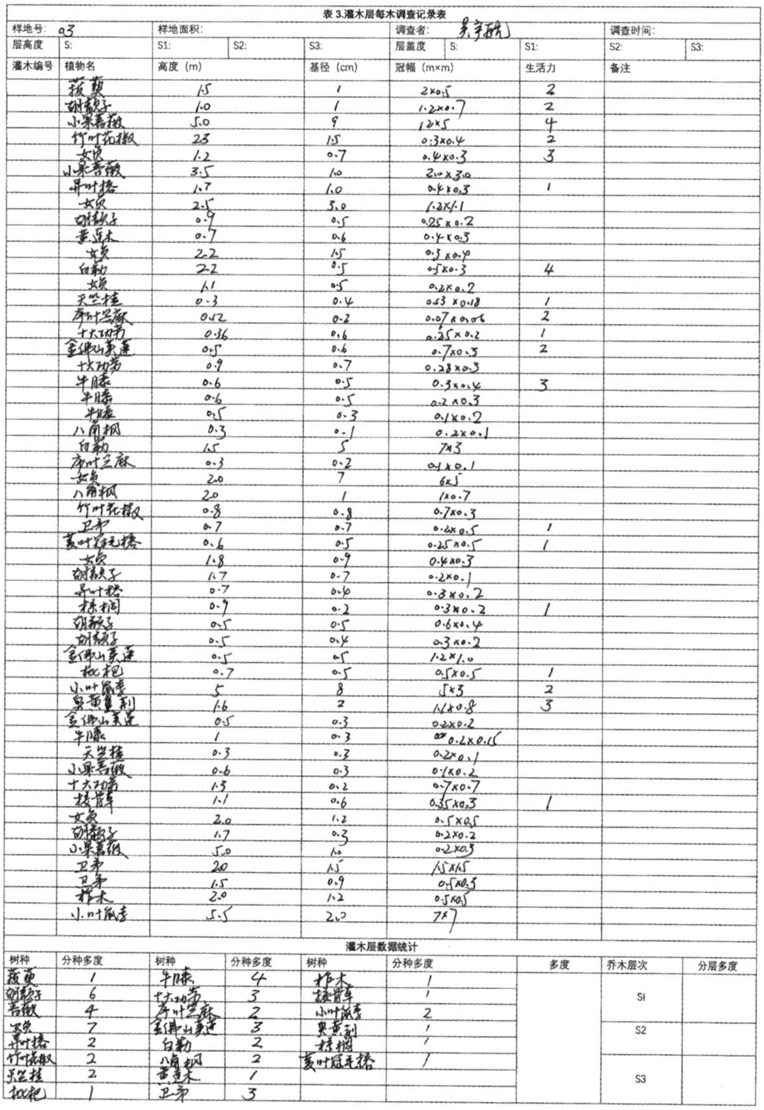

表 3.灌木层每木调查记录表

样地号: a3		样地面积:			调查者: [illegible]		调查时间:	
层高度	S:	S1:	S2:	S3:	层盖度	S:	S1:	S2: S3:

灌木编号	植物名	高度（m）	基径（cm）	冠幅（m×m）	生活力	备注
	菝葜	1.5	1	2×0.5	2	
	胡颓子	1.0	1	1.2×0.7	2	
	小果蔷薇	5.0	9	12×5	4	
	竹叶花椒	2.3	1.5	0.3×0.4	2	
	女贞	1.2	0.7	0.4×0.3	3	
	小果蔷薇	3.5	1.0	2.0×3.0		
	异叶榕	1.7	1.0	0.4×0.3	1	
	女贞	2.5	3.0	1.2×1.1		
	胡颓子	0.9	0.5	0.25×0.2		
	黄连木	0.7	0.6	0.4×0.3		
	女贞	2.2	1.5	0.3×0.4		
	白勒	2.2	0.5	0.5×0.3	4	
	女贞	1.1	0.5	0.2×0.2		
	天竺桂	0.3	0.4	0.63×0.18	1	
	序叶苎麻	0.12	0.2	0.07×0.06	2	
	十大功劳	0.36	0.6	0.25×0.2	1	
	金佛山荚蒾	0.5	0.6	0.7×0.3	2	
	十大功劳	0.9	0.7	0.28×0.3		
	牛膝	0.6	0.5	0.3×0.4	3	
	牛膝	0.6	0.5	0.2×0.3		
	牛膝	0.5	0.3	0.1×0.2		
	八角枫	0.3	0.1	0.2×0.1		
	白勒	1.5	5	7×3		
	序叶苎麻	0.3	0.2	0.1×0.1		
	女贞	2.0	7	6×5		
	八角枫	2.0	1	1×0.7		
	竹叶花椒	0.8	0.8	0.7×0.3		
	卫矛	0.7	0.7	0.6×0.5	1	
	菱叶冠毛榕	0.6	0.5	0.25×0.5	1	
	女贞	1.8	0.9	0.4×0.3		
	胡颓子	1.7	0.7	0.2×0.1		
	异叶榕	0.7	0.6	0.3×0.2		
	棕榈	0.9	0.2	0.3×0.2	1	
	胡颓子	0.5	0.5	0.6×0.4		
	胡颓子	0.5	0.4	0.3×0.2		
	金佛山荚蒾	0.5	0.5	1.2×1.0		
	枇杷	0.7	0.5	0.5×0.5	1	
	小叶鼠李	5	8	5×3	2	
	臭黄荆	1.6	2	1.1×0.8	3	
	金佛山荚蒾	0.5	0.3	0.2×0.2		
	牛膝	1	0.3	0.2×0.15		
	天竺桂	0.3	0.3	0.2×0.1		
	小果蔷薇	0.6	0.3	0.1×0.2		
	十大功劳	1.3	0.2	0.7×0.7		
	接骨草	1.1	0.6	0.35×0.3	1	
	女贞	2.0	1.2	0.5×0.5		
	胡颓子	1.7	0.3	0.2×0.2		
	小果蔷薇	5.0	1.0	0.2×0.3		
	卫矛	2.0	1.5	1.5×1.5		
	卫矛	1.5	0.9	0.5×0.3		
	檵木	2.0	1.2	0.5×0.5		
	小叶鼠李	5.5	2.0	7×7		

灌木层数据统计

树种	分种多度	树种	分种多度	树种	分种多度	多度	乔木层次	分层多度
菝葜	1	牛膝	4	檵木	1		S1	
胡颓子	6	十大功劳	3	接骨草	1			
蔷薇	4	序叶苎麻	2	小叶鼠李	2			
女贞	7	金佛山荚蒾	3	臭黄荆	1		S2	
异叶榕	2	白勒	2	棕榈	1			
竹叶花椒	2	八角枫	2	菱叶冠毛榕	1		S3	
天竺桂	2	黄连木	1					
枇杷	1	卫矛	3					

图 3-7a　团队成员记录的群落灌木层调查记录表

表 2.乔木层每木调查记录表

样地号:	33A+33B	样地面积:	10×20+10×20 m²	调查者:	[illegible]	调查时间:	
层高度	T: T1:	T2: T3:	T4:	盖度	T:		
树木编号	植物名	高度（m）	胸径（cm）	冠幅（m×m）	活枝下高(m)	生活力	备注
1	刺桐	12.0	21.0	7.5×8.0	10.3	4	
2	刺桐	13.5	25.0	8.5×9.0	5.0		
3	刺桐	14.0	30.0	8.0×10.5	1.75		
4	刺桐	14.0	35.0	9.8×10.5	1.3	4	\
5	枫香树	14.0	24.0	6.5×6.5	2.3		
6	刺桐	16.5	28.0	8.7×9.0	6.5		
7	刺桐	13.5	17.0	6.5×7.2	10.0		
8	黑壳楠	14.0	15.0	5.7×6.0	9.5		
9	刺桐	17.5	23.0	10.5×11.0	2.7		
10	刺桐	14.0	21.0	9.0×9.7	6.5		
11	榆树	11.0	14.0	6.5×7.8	4.3		
12	刺桐	16.0	22.0	9.5×11.0	4.7		
13	构树	9.7	13.0	7.5×4.0	3.5	3	
14	榆树	12.5	7.0	4.7×5.0	12.0	4	
15	榆树	14.3	20.0	7.5×6.5	3.7		
16	小花花椒	7.0	7.5	5.5×3.7	5.7		
17	女贞	13.0	15.3	7.4×7.5	3.2	4	
18	加杨	25.0	36.0	8.5×9.5	5.7	4	
19	桑	15.0	12.0	6.5×4.5	3.2		
20	加杨	17.0	~~12.0~~ 28.0	7.8×8.0	6.2		
21	樟	18.5	~~28.0~~ 11.0	8.5×8.0	6.5		
22	樟	18.0	~~17.0~~ 8.0	7.5×7.0	6.0		
23	樟	18.0	~~8.0~~ 12.0	6.5×6.0	6.5		
24	樟	17.0	~~12.0~~ 11.0	8.5×8.0	4.3		
25	朴树	12.0	12.0	10.5×9.0	4.3		
26	黄葛树	9.5	14.0	6.5×5.0	1.7		
27	紫叶李	8.5	7.0	4.5×5.0	0.7		
28	紫叶李	8.5	6.5	3.7×5.7	1.0		

乔木层数据统计

树种	分种多度	树种	分种多度	树种	分种多度	多度	乔木层次	分层多度
刺桐	9	桑	1			27	T1	
枫香树	1	樟	4				T2	
黑壳楠	1	朴树	1				T3	23
榆树	3	黄葛树	1				T4	4
构树	1	紫叶李	1					
小花花椒	1							
女贞	1							
加杨	2							

图 3-7b　团队成员记录的群落乔木层调查记录表

二、公园城市森林群落调查总结

在完成对 70 个样地的实地调查和数据收集后，我们整理出了每个群落的物种组成，并对不同层次的优势物种进行了归纳（表 3-2）。我们从两个角度对植物群落数据进行分层分析，并根据生境特征将森林群落正式划分为六大类型：**城市森林群落、河岸带森林群落、山脉浅丘森林群落、湿地森林群落、道路交通旁森林群落、林盘森林群落**；再根据植物组成特征将不同生境条件的森林进行细分，整理出属于不同生境的具体群落构成类型。

表 3-2　森林群落样地调查数据（部分）

样地编号	生境类型	采样乔灌样方尺寸（单位：m）	群落分层优势种	群落类型
1	浅丘生境	20×20	柏木＋牡荆	常绿针叶林
2	溪河流生境	10×40	刺楸－马甲子＋火棘	落叶阔叶林
3	山脉生境	20×20	香樟＋黄连木－小果蔷薇－白箣	常绿阔叶林
4	山脉生境	20×20	化香树＋栓皮栎－小叶鼠李	落叶阔叶林
5	山脉生境	10×40	栓皮栎－薄叶鼠李	落叶阔叶林
6	湿地生境	5×（50＋30）	乌桕－马甲子－芒	落叶阔叶林
7	山脉生境	20×20	马尾松－木油桐－芒	针阔叶混交林
8	山脉生境	20×20	喜树＋八角枫－南艾蒿＋牛膝＋乌蔹子	落叶阔叶林
9	浅丘生境	15×26.6	柏木－石海椒－腹水草	针阔叶混交林
10	浅丘生境	20×20	柏木	常绿针叶林
11	山脉生境	10×40	红麸杨＋柏木－牡荆	针阔叶混交林
12	浅丘生境	20×20	柏木＋麻栎－铁仔＋牡荆	针阔叶混交林
13	溪河流生境（临溪河流）	10×40	银杏＋刺槐－艾＋芒－蜈蚣凤尾蕨	落叶阔叶林
14	湿地生境	15×27.5	桉－插田泡－班茅	常绿阔叶林
15	城市生境（城市公园）	20×20	香樟－刚竹＋天竺桂－麦冬	常绿落叶阔叶混交林
16	城市生境森林（城市公园）	15×26	刺槐＋黄葛树－鸡爪槭＋小叶女贞－麦冬	落叶阔叶林
17	山脉生境	20×20	柏木－香叶子	落叶针叶林
18	溪河流生境	20×20	枫杨－刚竹－沿阶草	常绿阔叶林
19	溪河流生境（城市段）	20×20	樟叶枫＋杜英－杜英－吉祥草	常绿阔叶针叶混交林

续表

样地编号	生境类型	采样乔灌样方尺寸（单位：m）	群落分层优势种	群落类型
20	湿地生境	20×20	柏木＋麻栎－牡荆－十字薹草	针叶阔叶混交林
21	浅丘生境	20×20	麻栎－牡荆－野艾蒿	常绿阔叶林
22	浅丘生境	20×20	化香树＋毛桐－亮叶石楠－芒萁	常绿落叶阔叶混交林
23	山脉生境，溪河流生境	20×20	楝－牡荆－渐尖毛蕨	落叶阔叶林
24	溪河流生境	20×20	枫杨－黑壳楠－白花紫露草	落叶阔叶林
25	山脉浅丘生境	20×20	野漆＋盐肤木＋女贞－火棘＋马桑＋牡荆－五节芒	常绿落叶阔叶混交林
26	浅丘生境	20×20	马尾松＋野漆－牡荆	针叶阔叶混交林
27	林盘生境	20×20	柚＋麻竹－黑壳楠－蝴蝶花＋荞麦＋接骨草	常绿落叶阔叶混交林
28	林盘生境	20×20	孝顺竹＋香樟－小叶女贞－鸢尾	常绿落叶阔叶混交林
29	山脉生境	20×20	吴茱萸＋构树－密蒙花＋女贞－野艾蒿＋酢浆草	常绿落叶阔叶林、针叶混交林
30	浅丘生境	20×20	构树＋柏木－牡荆＋香叶子－野艾蒿＋野菊	常绿落叶阔叶林、针叶混交林
31	湿地生境	10×40	刺槐－枇杷＋构树－苔草＋野艾蒿＋喜旱莲子草	常绿阔叶林
32	林盘生境	10×10＋20×20＋20×20	枫杨＋水杉－麻竹－渐尖毛蕨	落叶阔叶林
33	城市生境	10×20＋10×20	刺桐－小蜡－木本曼陀罗－旱伞草＋麦冬	落叶阔叶林
34	城市生境（湿地生境，溪河流生境）	10×40	枫香树－芭蕉－马蹄金＋麦冬群落	落叶阔叶林
35	城市生境－道路交通旁生境	10×40	桉＋樟－小蜡＋十大功劳－蝴蝶花	常绿阔叶林
36	溪河流生境（城市段）	20×20	枫杨＋刚竹＋女贞－刚竹－蜘蛛抱蛋＋鸢尾	常绿落叶阔叶林

续表

样地编号	生境类型	采样乔灌样方尺寸（单位：m）	群落分层优势种	群落类型
37	城市生境（工矿企业）	9×（30＋15）	黄葛树＋香樟＋银杏－小蜡	常绿落叶阔叶林
38	溪河流生境	40×10	天竺桂－银杏－白花紫露草－扁竹兰	常绿阔叶林
39	城市生境（居住区）	20×20	樟－冬青卫矛－吉祥草	常绿阔叶林
40	城市生境（植物园）	20×20	樟＋榔榆－复羽叶栾树－苔草	常绿落叶林
41	林盘生境	40×10	麻竹－构树－接骨草＋天名精＋垂序商陆	竹林
42	林盘生境	37.5×24	慈竹－枇杷－渐尖毛蕨	竹林
43	湿地生境	30×18	水杉＋槐－葎草－喜旱莲子草	落叶阔叶林
44	城市生境－道路交通旁生境	30×19	银杏－南天竹＋安坪十大功劳－麦冬	落叶阔叶林
45	道路交通旁生境	10×40	银杏－南天竹＋安坪十大功劳－麦冬	落叶阔叶林
46	城市生境（居住区）	10×40	黄葛树－野迎春＋刺桐－苔草＋马蹄金	落叶阔叶林
47	道路交通旁生境	50×8	天竺桂＋阴香－构树＋海桐＋南天竹－麦冬	常绿落叶阔叶林
48	道路交通旁生境	20×20	杨树＋天竺桂－紫薇－沿阶草	常绿阔叶林
49	道路交通旁生境	25×18	刺桐＋杨树－山麦冬＋白茅	常绿阔叶林
50	城市生境（物流仓储用地）	20×20	马尾松－构树－马唐	常绿落叶阔叶针叶混交林
51	城市生境（居住区）	20×30	天竺桂＋蒲葵－小蜡－山麦冬	常绿落叶混交林（常绿阔叶林）
52	城市生境（居住区）	20×30	榕树－白花杜鹃－沿阶草	常绿阔叶林

续表

样地编号	生境类型	采样乔灌样方尺寸（单位：m）	群落分层优势种	群落类型
53	城市生境（城市公园）	20×20	银杏－棕榈－蝴蝶花	落叶阔叶林
54	道路交通旁生境	40×10	重阳木＋银桦－火烧花－天竺葵	落叶阔叶林、针叶混交林
55	城市生境（商业区）	20×20	小叶榕－野迎春＋红叶石楠－马蹄金＋黄花酢浆草	常绿落叶阔叶林
56	道路交通旁生境	40×10	构树－金铃花－白花鬼针草	常绿落叶阔叶林
57	道路交通旁生境	40×10	构树－金铃花－野艾蒿＋白花鬼针草	常绿落叶阔叶林
58	道路交通旁生境	50×8	朴树－木犀－白茅	常绿落叶阔叶林
59	城市生境（商业区）	20×20	樟＋鹅掌楸－小叶女贞－麦冬	常绿落叶阔叶林
60	城市生境（工矿企业）	40×10	天竺桂＋黄葛树－构树	常绿落叶混交林
61	城市生境（工矿企业）	20×20	天竺桂＋桑－喜旱莲子草	针阔叶混交林
62	道路交通旁生境	40×10	榕树＋天竺桂－南天竹－麦冬＋细叶结缕草	常绿阔叶林
63	道路交通旁生境	40×10	天竺桂－棕竹＋野迎春－狗尾草	常绿阔叶林
64	城市生境（商业区）	40×10	银杏＋绿黄葛树－黄杨＋红花檵木－菊花	常绿落叶阔叶林
65	道路交通旁生境	50×8	槲栎＋锐齿槲栎＋女贞－格药柃－野艾蒿＋十字薹草	常绿落叶阔叶林
66	林盘生境	30×30	慈竹－小果山龙眼－地果	常绿阔叶林
67	浅丘生境	20×20	马尾松	落叶针叶林
68	湿地生境	40×10	杜英＋蓝花楹－萼距花＋墨西哥鼠尾草－黑麦草＋牛筋草	常绿落叶阔叶林
69	山脉生境	20×20	柏木－香叶子	落叶针叶林
70	湿地生境	20×20	柏木＋化香树－铁仔－薹草	针叶阔叶混交林

根据调查发现，不同城市森林群落类型的物种构成差异很大。

1. 城市森林群落以落叶阔叶林和常绿与落叶阔叶混交林为主。其中，城市公园和居住区森林的树种丰富度较工矿企业和商业区森林更高，可能是由于后者的植物配置需求更偏向功能性。典型的城市森林建群种包括：樟（*Camphora officinarum*）、天竺桂（*Cinnamomum japonicum*）、黄葛树（*Ficus virens*）、榕树（*Ficus microcarpa*）、银杏（*Ginkgo biloba*）、刺槐（*Robinia pseudoacacia*）、枫香树（*Liquidambar formosana*）等。大多数城市森林树种都是常见的园林绿化植物，是在人们主观意愿下进行配置的，生态系统服务功能大小与自然演替形成的森林尚有差距。

2. 道路交通旁森林群落通常展现了显著的垂直分层现象，建群种的类型较城市森林群落也有一定差异，出现了更多的自生植物。可能的原因是道路形成高连通性廊道，加强了植物繁殖体的扩散；同时人类干扰强度高，杂草型物种（Ruderal Species）更适合这类生境。典型的道路交通旁森林树种包括：银杏、加杨（*Populus × canadensis*）、刺桐（*Erythrina variegata*）、构树、朴树（*Celtis sinensis*）、槲栎（*Quercus aliena*）、榕树、天竺桂等。由于不同的养护管理水平，城市和乡村的道路交通旁森林群落呈现出不同的物种组成。城市道路种植的树种通常都需要满足观赏、遮阴和枝下高的要求，多样性有限；更自然的环境和更宽松的选择标准使多样的植物出现在了乡村道路。综合来看，乡村段的道路交通旁森林群落拥有很大的质量提升潜力。

3. 林盘森林群落是成都平原最具特色的森林类型，以竹林为主。竹林的建群种主要包括慈竹（*Bambusa emeiensis*）、麻竹（*Dendrocalamus latiflorus*）和孝顺竹（*Bambusa multiplex*）；同时也会伴生不同的阔叶乔木，包括枫杨（*Pterocarya stenoptera*）、黑壳楠（*Lindera megaphylla*）和水杉（*Metasequoia glyptostroboides*）等。值得一提的是，以竹类为主的林盘森林群落往往郁闭度非常高，可能致使群落的草本层和灌木层的植物生长困难。在我们的调查中，竹林的林下植被丰富度是相对较低的，林盘森林群落与居民生产生活息息相关（图3-8），是森林生态建设中人类活动与自然协调的重要实例。

图3-8　林盘竹林下植物丰富度较低

4. 河岸带森林群落以针阔叶混交林和落叶阔叶林为主。大多河岸带森林受到较少的人工干扰，群落结构较为完整、植物种类丰富。典型树种包括：枫杨、银杏、乌桕（*Triadica sebifera*）、刚竹（*Phyllostachys sulphurea* var. *viridis*）、刺楸（*Kalopanax septemlobus*）、黑壳楠等。乡村的河岸带森林群落通常形成较大的斑块，人类活动较少、物种丰富度非常高，并且保育了大量的原生乡土植物（图3-9）；城市的河岸带森林由于人类活动增多和审美要求，导致树种组成多为常见城市绿化观赏乔木，仍有较大的优化空间。得益于都江堰水利工程，成都平原水资源较为充沛，天府新区河岸带具备建设较高生物多样性森林群落的良好条件，应予以充分利用。

图 3-9　乡村河岸带森林群落通常较易于形成较大型的森林斑块

5. 湿地森林群落类型多样，包括常绿阔叶林、针阔叶混交林、常绿与落叶阔叶混交林。 群落的典型树种与河岸带森林较为相似，由于地形变化更为丰富，出现了更多样的树种，包括乌桕、化香树（*Platycarya strobilacea*）、槐（*Styphnolobium japonicum*）等。调查发现，湿地森林群落通常会与其他森林群落类型共存，并提供独特的湿生森林生境，有利于提升局地的生物多样性。

6. 山脉浅丘森林群落是天府新区内及周边的典型地带性森林植被类型，以常绿阔叶林、常绿与落叶阔叶混交林和针阔叶混交林为主。 天府新区境内主要有以龙泉山为代表的山脉生境和以城郊的浅丘生境两个亚型。前者最高海拔 1051m，植物群落类型具有较为明显的海拔梯度特征，同时受农业生产用地影响较大。位于山脉的森林群落是城市中最典型的森林群落，支持了极高的生物多样性，是城市生态建设的核心绿色源地。根据调查结果，山脉森林群落往往处于高海拔，拥有最高的物种丰富度，主要树种包括：麻栎（*Quercus acutissima*）、化香树、构树、柏木（*Cupressus funebris*）、红麸杨（*Rhus punjabensis* var. *sinica*）、香樟、野漆（*Toxicodendron succedaneum*）、栓皮栎（*Quercus variabilis*）、马尾松（*Pinus massoniana*）、楝（*Melia azedarach*）等乡土树种。多样的植物群落类型中也存在一定的问题，主要是城郊的浅丘森林群落，其中以柏木和马尾松为建群种的人工林群落结构简单，生态效益低下，观赏价值不高。总体来看，大部分群落山脉浅丘森林由多样的原生乡土植物组成，具有较好的环境适应性，为森林质量提升提供了实际指引。

城市森林存在不同层次的复杂问题。从群落组成角度来看，城市森林群落以人工景观林为主，各个层次的乡土植物种类占比较少，且部分森林的景观和游憩价值较低；同时，据团队在实地调研时的观察，有相当面积的山脉浅丘、河岸带、湿地生境的森林群落是人工纯林，物种组成单一。从群落结构角度来看，城市森林群落由于单调的城市绿化方式，导致许多群落的乔木层、灌木层和草本层彼此独立，群落结构简单；人工纯林尽管在栽种后受到更少的人工干扰，但群落结构依然以乔木层和草本层为主，这可能是因为由杉木（*Cunninghamia lanceolata*）、马尾松、柏木和慈竹作为建群种的森林群落，地力衰退严重，郁闭度往往很高，从而导致林下植物无法获得充足的养分，植物生长受到限制（图 3-10）。从景观效果来看，单一的结构与组成直接影响了森林群落的景观层次。同时，现有城市森林的部分建群种无法发挥良好的季相表现，影响了不同季节的城市景观表现。现存质量较差、状态不好、景观效果不足的城市森林，将是森林建设工作中重要的恢复对象。

面对复杂的现实问题，我们将分别从整体技术指引和不同类型的森林群落建设技术进行论述。本章以下小节均以四川天府新区直管区为例予以示例性说明，其他地区的森林营建技术参数应基于实地调查，再因地制宜制定。

图 3-10　马尾松林下结构较为简单

第三节　"近自然"森林群落建设技术指引

一、城市森林群落建设策略

森林群落的建设策略整体上分为保护、修复与新建三类。 城市森林群落建设的基本内涵是在原有植被基础上，宜通过封、育、补、造等营林技术手段，改善林冠线、疏密、树形、季相等要素，构建丰富的森林群落。

拟保护的森林，应顺应森林的自然演替规律。 宜以"补、育"为主，以自然恢复为主，人工促进为辅，保育并举，改善天然森林的生态服务功能，优化森林的固碳能力。

拟改造修复的森林，应进行适当的人工干预，优化森林群落的组成与演替动态。 以更替、择伐、封育、复壮等森林修复方式加快森林正向演替。宜以"封、育、造"为主，促进森林群落恢复到更好的功能和结构水平，提升森林的固碳能力。

拟新建的森林，应以"近自然"建设为导向，并考虑拟建森林的性质

和功能要求进行建设。城市公园、居住区、城市道路等城市建设区的森林应在平衡游憩、景观和生态复合价值基础上，着力提升森林生物多样性。城市建设区外的森林应以营造"近自然"森林为目标，提升森林群落的稳定性和正向演替速率，乡村森林应结合乡村振兴和产业发展进行。

二、城市森林群落"近自然"建设原则

结合国内外经验，城市森林"近自然"建设需遵循复层、混交、疏密、异龄、依生境五个一般性原则。

复层指森林群落多层次结合，增加物种丰富度和群落结构稳定性。多样的垂直和水平群落层次能够创造更多样的微生境，为更多物种定殖建立适宜的生态位，提升森林生物多样性。

混交指多类型树木合理混生，有常绿落叶混交、针叶阔叶混交、速生慢生树种混交。不同生活型植物的合理组合能够有效丰富各类动物的食物来源和栖息场所，在应对气候变化和不同的外部扰动时拥有更好的稳定性。

疏密指树木间距不一、树群疏密有致，实现丰富的林冠线和林下空间。疏密变化的森林群落能够创造更多的"林窗"，允许森林不同地点发生自生演替，优化森林的物种组成与空间结构。

异龄指树龄相差一个龄级以上，不同粗细高矮的异龄树种和预留空间有利于群落生长发育，实现群落良性演替。

依生境是指充分依循并利用不同生境的环境特征，例如地形、水源、土壤、方位、海拔，并适度加以改善。"适地适树，因地制宜"是依生境的核心理念。

三、森林群落建设重点内容

（一）森林生境建设

1. 森林栖息地营建

应结合森林、蓝色水网和绿地系统设计形成生态廊道网，将分散的栖

息地节点联系起来；廊道内部采用立体复层混交的植物群落。

应根据迁徙野生动物类型和数量设置沿路生物通道和穿路生物廊道。野生动物分布较多的路段，拟设的野生动物廊道数量应相符，平均每5km设2~3个动物廊道，廊道宽度在46~152m较合适，可根据建设条件，进行区间取值。穿过森林外部道路时，可设计箱形涵洞或管状涵洞从道路下穿过，串联道路两侧森林；森林内部游览道路可用抬起的木质栈道或汀步。有关规定详见表3-3。

表3-3　沿路生物通道宽度要求

建设区域／类型	要求宽度（m）	发挥功能
机场路类森林廊道	3~12	基本满足小型动物迁徙需求
铁路线类森林廊道	12~50	基本满足小型动物的迁徙和生存需求
国道、高速公路类森林廊道	30~60	可以满足鸟类等动物的生境需求
	60~100	可以满足小型物种种群稳定及迁徙的需求
	100~200	可以满足中小型物种的种群稳定及迁徙的需求
	200~1200	可以形成结构稳定的生物群落及物种多样性保护的需求

在不影响森林游览和安全需求的情况下，应保留地面枯木、落叶和残枝；挡土墙可利用碎石搭建；水岸设计时，宜以石块、枯木等配合土岸，或于水岸镶入竹管、盆钵等以形成孔洞；可将空心砖、玻璃瓶等沉于水中，或使用石块、枯木加以堆叠营造多孔隙空间。

野生动物栖息地生境应以乡土植物为主，应尽量选择有利于陆生动物生存、鸟类招引、蝶类导引和鱼类栖息的植物种类。浅滩和浅水区内应栽植本土块茎和块根耐水植物，总面积不低于浅滩和浅水区的2%。

2. 保护缓冲带森林营建

发挥生态核心功能的区域周围应设置缓冲区域；生态核心区域应构建复层群落结构，落叶常绿植物混交，并保留落叶枯木；缓冲区域应采用小乔木、灌木、地被搭配，也可融入花境、绿篱等。水岸沿边及四类特殊区域（具有高污染物和易于去除污染区域；丘陵地区沿小河或上游河道；地下水补给区域、临时形成的水道以及其他径流汇集区域；产流区与污染源相接区域）需要沿等高线设置条状植被带。

3. 林水过渡带森林营建

林水过渡带营建根据生态驳岸类型主要分为以下三类：

自然原型式林水过渡带：在绿化空间充足、坡度较小，且水流对驳岸冲刷力小的区域，营造自然原型式林水过渡带。在土壤自然安息角内放坡，覆土应逐层夯实，面层以草皮、细沙、卵石等自然材质覆盖，植物种植以灌丛、湿生乔木为主，控制过渡带植物密度、高度、盖度等植被特性，构建森林、灌丛、草坡、砾石地、卵石地等多样生境。

仿自然原型式林水过渡带：坡底用木桩和石块等自然式非结构性材料固定驳岸，再在其上铺筑一定厚度土壤，种植植被，通过乔 – 灌 – 草的种植方式，形成仿自然的复层森林。驳岸形态应曲折丰富，增大水陆交界面，可营造不规则形态的小岛，创造裸地滩涂和浅水水塘，为野生动物提供多样栖息环境。

人工驳岸式林水过渡带：材料应以硬度高且能抵抗较强水流冲蚀的混凝土、钢筋混凝土、石笼、抛石网带等为主，并结合植物种植美化景观和恢复生态。应灵活运用硬质驳岸、抛石护岸等形式组合，局部水岸可通过沿岸木栈道、深入水面的挑台和下沉式台阶等方式，提升景观亲水性。

（二）植物群落配置

除树阵、树列等有特别要求树种近龄以外，林分内林木年龄的差异应≥1个龄级。

常用乔木间距推荐见表3-4，其中丛植竹类间距指竹丛之间的距离。树木栽植间距下限除与树木的稳定冠幅有关，还与树木生长速度、耐阴能力有关，一般较速生树种间距要求更大，较耐阴树种间距要求更小，推荐表以外树种间距下限可在稳定冠幅相似情况下对比表中物种上述特点进行估算。

表 3-4 常用乔木间距推荐表

树种类型	树种名称	学名	稳定冠幅（东西向 * 南北向；单位：m）	间距推荐（m）
常绿阔叶	杜英	*Elaeocarpus decipiens*	10～15	≥5
	榕树	*Ficus microcarpa*	13～20	≥6
	香樟	*Cinnamomum camphora*	13～18	≥6
	女贞	*Ligustrum lucidum*	8～12	≥4
	天竺桂	*Cinnamomum japonicum*	8～14	≥6
常绿针叶	柏木	*Cupressus funebris*	5～8	≥4
落叶针叶	水杉	*Metasequoia glyptostroboides*	8～11	≥4
	马尾松	*Pinus massoniana*	7～11	≥6
落叶阔叶	加杨	*Populus × canadensis*	7～12	≥4
	枫杨	*Pterocarya stenoptera*	14～20	≥7
	银杏	*Ginkgo biloba*	14～20	≥5
	黄葛树	*Ficus virens*	12～20	≥6
	刺槐	*Robinia pseudoacacia*	6～12	≥4
	喜树	*Camptotheca acuminata*	8～14	≥7
	楝	*Melia azedarach*	7～12	≥4
	化香树	*Platycarya strobilacea*	7～10	≥4
	刺楸	*Kalopanax septemlobus*	13～20	≥8
	黄连木	*Pistacia chinensis*	13～18	≥6
	乌桕	*Triadica sebifera*	7～11	≥4
	八角枫	*Alangium chinense*	5～7	≥3
	枫香树	*Liquidambar formosana*	9～15	≥5
	重阳木	*Bischofia polycarpa*	8～13	≥5
	朴树	*Celtis sinensis*	14～20	≥6
竹子	麻竹（100 株）	*Dendrocalamus latiflorus*	10～10	≥15
	孝顺竹（100 株）	*Bambusa multiplex*	10～11	≥12

注：若要求短期达到较好效果应重视中下层灌木的栽植，不得盲目缩小乔木合理间距，若需适当密植必须参考树木生物学特性安排之后的间苗工作。

盖度规定详见表3-5、表3-6，两种导向规定在运用时具有倾向性，可根据拟构建森林的导向斟酌选用。

表 3-5　以生态效益为导向的森林郁闭度要求

划分依据	值
针叶林	乔木盖度：72%～78%
阔叶林	乔木盖度：66%～74%
针阔混交林	乔木盖度：70%～78%

表 3-6　以社会效益为导向的森林郁闭度要求

划分依据	值
高强度活动区域（体育健身、跳舞）	乔木盖度：＜60%
中强度活动区域（散步）	乔木盖度：60%～75%
低强度活动区域（静坐聊天、倚靠）	乔木盖度：＞75%

注：若在满足栽植间距要求的条件下达不到乔木盖度要求，应通过栽植灌木的方式，以灌木盖度补偿差值。高强度人为活动区域的城市森林的盖度宜结合群落优势树种树冠透光能力考虑，树冠透光能力差的树种（如榕树、天竺桂、刺桐等）形成优势则盖度宜小。

城市公园等绿色开放空间的林间草地空间需占森林总面积50%左右，一般500～3000m²，最大可达10000m²。

1. 混交

a. 有条件的森林中应尽量使阔叶树：针叶树比例接近1：1。

b. 常绿落叶混交规定：城市区域的常绿树种与落叶树种比例宜设置3：7～5：5。城市密集区高大乔木层以落叶树为主，适当配植常绿树（30%～40%），中下层宜以常绿树为主。若林下设计花海则落叶树比例需接近100%。

c. 除集约经营的速生丰产林以外，竹林宜保留落叶阔叶树，其密度控制在10～15株／亩。保留树木的树冠投影面积控制在林地总面积的30%以内。

d. 速生和慢生树种混交规定：速生树与慢生树种类的比例为3：7。

2. 复层

凡坡度在 36° 以上；或坡度虽然在规定以下，但土壤瘠薄、岩石裸露、地质结构疏松、易遭遇水土流失或山体滑坡严重地段；主要山脊分水岭两侧，高山针叶林缘以下 100～200m 地区的森林群落层次至少为乔、灌、草三层复层结构。

3. 丰富度

丰富度通过单位面积内骨干树种和伴生树种数进行调节。骨干树种和伴生树种比例一般宜控制在 1∶5 左右。有关规定详见表 3-7。

4. 优势度

有关规定详见表 3-7。

注：优势种指群落中数量、大小以及在食物链中的地位强烈影响着其他物种栖境的物种。

5. 乡土树种比例

适生乡土树种占树木总量的比值，根据城市森林群落实地调查结果总结。有关规定详见表 3-7。

表 3-7　不同森林群落对应通用指标及建议值

类型	指标	衡量方式	推荐值
城市森林群落	骨干树种丰富度	某单位面积上的树种数	≥ 4 种 /10000m²
	伴生树种丰富度	某单位面积上的树种数	≥ 12 种 /10000m²
	树种优势度	优势种的个体数 / 树木总量	≥ 35%
	乡土树种比例	乡土树种数量 / 树木总量	≥ 80%
林盘森林群落	骨干树种丰富度	某单位面积上的树种数	≥ 3 种 /10000m²
	伴生树种丰富度	某单位面积上的树种数	≥ 12 种 /10000m²
	树种优势度	优势种的个体数 / 树木总量	≤ 50%
	乡土树种比例	乡土树种数量 / 树木总量	≥ 90%
山脉浅丘森林群落	骨干树种丰富度	某单位面积上的树种数	≥ 4 种 /10000m²
	伴生树种丰富度	某单位面积上的树种数	≥ 15 种 /10000m²

续表

类型	指标	衡量方式	推荐值
山脉浅丘森林群落	树种优势度	优势种的个体数／树木总量	≤45%
	乡土树种比例	乡土树种数量／树木总量	≥90%
河岸带森林群落	骨干树种丰富度	某单位面积上的树种数	≥4种/10000m²
	伴生树种丰富度	某单位面积上的树种数	≥15种/10000m²
	树种优势度	优势种的个体数／树木总量	≤35%
	乡土树种比例	乡土树种数量／树木总量	≥80%
湿地森林群落	骨干树种丰富度	某单位面积上的树种数	≥4种/10000m²
	伴生树种丰富度	某单位面积上的树种数	≥12种/10000m²
	树种优势度	优势种的个体数／树木总量	≤55%
	乡土树种比例	乡土树种数量／树木总量	≥90%
道路交通旁森林群落	骨干树种丰富度	某单位面积上的树种数	≥4种/10000m²
	伴生树种丰富度	某单位面积上的树种数	≥12种/10000m²
	树种优势度	优势种的个体数／树木总量	≤45%
	乡土树种比例	乡土树种数量／树木总量	≥80%

注：外来引种在长期的历史选择下具有良好适应性且对生态没有不良影响的树种可视为乡土树种处理。本表指标仅适用于本案研究地天府新区。

第四节　城市森林群落建设技术

一、城市森林群落营建基础

（一）一般原则

a. 城市森林应兼顾生态、游憩与美学欣赏复合效益。

b. 宜依据城市森林所在用地属性特征进行分类型营建，公园、居住区、商业区、公共服务设施用地森林应突出游憩与欣赏价值，工矿企业用地森林应突出防护功能，街道森林应注重景观特色和步行环境营造。

c. 应积极探索多种类型的立体空间森林。

d. 倡导"近自然"营建理念，提升城市森林群落多样性与树种多样性。

（二）基础地形营建

a. 充分应用对视野有聚焦和引导作用的各类地形，营造具有丰富空间和竖向变化的基础地形。

b. 在有条件区域（如有较大自然汇流面积的公园等）的地形营建宜形成富有自然变化的集水区域、阴阳坡等，形成地形丰富的微生境。

c. 新堆土山、台地、微地形应考虑自然沉降系数，必要时设置工程加固措施，土料不得有影响植物栽植和生长的成分存在。

d. 高程控制应符合竖向设计要求，允许偏差应符合相关规范的要求。

二、植物配置及树种选择

（一）公园游憩森林

a. 配置要求：人群活动主要场地应削减中层灌木体量。人群活动较少区域可增加复层植物群落绿地的种植面积。风景游赏区域森林应注重疏密变化，尽可能丰富植物种类与层次，结合异龄与混交方式，营造"近自然"森林。

b. 选种要求：应以社会效益与生态效益并重，重视树种观赏价值；同时栽植无飞絮、无毒、无刺激性和无污染性的高大、树冠优美、分枝点高的乡土落叶树种，参照附录 A。

（二）居住区游憩森林

a. 配置要求：宜以片林为主，邻近片林且宽度 < 3m 的人行道可延续疏植片林群落中的高分枝点上层乔木的布局方式。小路两侧及林缘可种植花灌木、香花植物，林下宜种植耐阴地被植物，须避免有毒植物（图 3-11）。

b. 选种要求：树种选择宜以景观、保健功能为主，兼顾生态效益，参照附录 B。

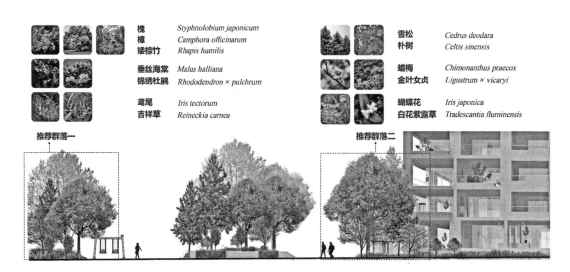

槐	*Styphnolobium japonicum*		雪松	*Cedrus deodara*
樟	*Camphora officinarum*		朴树	*Celtis sinensis*
矮棕竹	*Rhapis humilis*			
垂丝海棠	*Malus halliana*		蜡梅	*Chimonanthus praecox*
锦绣杜鹃	*Rhododendron × pulchrum*		金叶女贞	*Ligustrum × vicaryi*
鸢尾	*Iris tectorum*		蝴蝶花	*Iris japonica*
吉祥草	*Reineckia carnea*		白花紫露草	*Tradescantia fluminensis*

推荐群落一　　　　　　　　　　　　　　　　　　推荐群落二

图 3-11　居住区游憩森林营建示意图

（三）商业区休闲森林

a.配置要求：应使可视空间宽阔，在场地中疏植分枝点高、冠形优美、遮阴覆盖面积大的常绿阔叶乔木。若场地临近片林，可将片林群落中观赏效果好、分枝点高的上层乔木延续选用至商业区域，形成良好的"近自然"景观界面。靠近街边商店门面处，可设置灌木草花台（图 3-12）。

b.选种要求：应优先选择树干挺拔、遮阳力强、分枝点高、有一定观赏价值的乔木，须无飞絮、无毒、无刺激性和无污染性，参照附录 C。

（四）公共服务设施附属森林

a.配置要求：可参考居住区游憩森林和商业区休闲森林配置要求和推荐群落。

b.选种要求：可参考居住区游憩森林和商业区休闲森林的推荐树种，根据不同类型公共服务设施附属森林的具体要求选择树种，参照附录 B、C。

（五）工矿企业防护森林

a.配置要求：防护林带应以 4～6 行森林植被组成，宜采用半通透式结构。近车间段宜栽植小乔木及灌木，不得高密度栽植高大乔木。

b.选种要求：以常绿树种为主，污染源周边应选抗污染性强的植物，

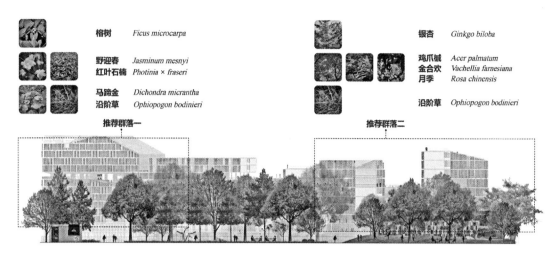

榕树	*Ficus microcarpa*	银杏	*Ginkgo biloba*
野迎春	*Jasminum mesnyi*	鸡爪槭	*Acer palmatum*
红叶石楠	*Photinia × fraseri*	金合欢	*Vachellia farnesiana*
		月季	*Rosa chinensis*
马蹄金	*Dichondra micrantha*		
沿阶草	*Ophiopogon bodinieri*	沿阶草	*Ophiopogon bodinieri*

推荐群落一　　　　推荐群落二

图 3-12　商业区休闲森林营建示意图

高温车间周围须设符合防火要求的树种，噪声源周边植物须选枝叶繁茂、树冠长、分枝低的乔灌木，较为密集地栽植成障声带，参照附录 D。

（六）街道森林

a. 配置要求：可适当与外来树种结合，宜从树形、叶、花、色彩、文化寓意等突出特征出发，形成不同主题氛围的街道森林。园林景观道路、标志性景观大道绿地率 ≥ 40%，绿带宽度应设置 10～20m；地块宽度在 ≥ 6m 时可设一条步道，地块 ≥ 20m 时可设两条步道；行道树种植宽度以占道路总宽度 20% 为宜，可栽植两三行，每行种植带宽度宜 ≥ 2.5m；主干道两侧林带宽度宜 ≥ 10～15m（图 3-13）。

b. 选种要求：应选适应性强、易栽植、易成活、耐修剪、寿命长、不落果、不飞絮的乡土树种和形态优美的落叶阔叶树种，参照附录 E。

（七）立体空间森林

城市垂直空间是易受忽视但又十分重要的城市生境类型。立体绿化的实施能够增强城市生态系统功能。立体绿化是指在建筑的首层、上层、顶层等立体空间内或立交桥、覆土建筑等载体上进行的多种绿化形式（图 3-14）。建筑立体绿化通常包括屋顶、阳台、窗台和墙面绿化等。

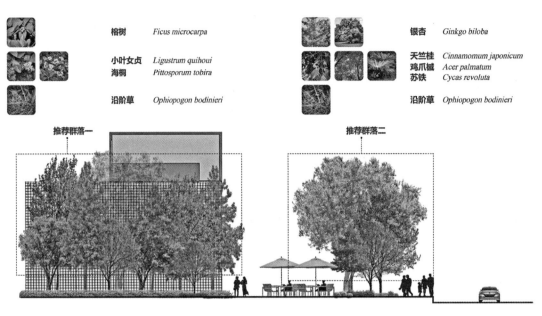

榕树	*Ficus microcarpa*		银杏	*Ginkgo biloba*
小叶女贞	*Ligustrum quihoui*		天竺桂	*Cinnamomum japonicum*
海桐	*Pittosporum tobira*		鸡爪槭	*Acer palmatum*
			苏铁	*Cycas revoluta*
沿阶草	*Ophiopogon bodinieri*		沿阶草	*Ophiopogon bodinieri*

推荐群落一　　　　　　　推荐群落二

图 3-13　街道森林营建示意图

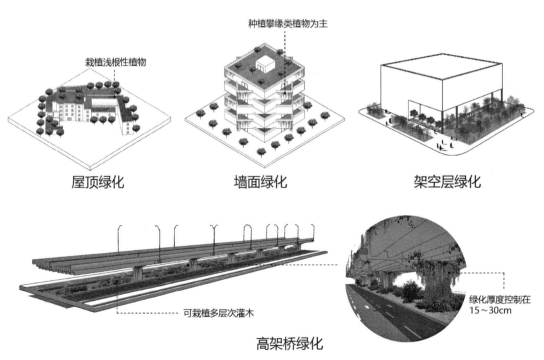

栽植浅根性植物　　　种植攀缘类植物为主

屋顶绿化　　　墙面绿化　　　架空层绿化

可栽植多层次灌木　　　绿化厚度控制在 15～30cm

高架桥绿化

图 3-14　立体森林营建示意图

1. 配置要求

a. 屋顶绿化：各类树木、花卉、草坪等所占的面积比例应为 50%～70%，浅根性的小乔木、灌木、花卉、草坪、藤本植物为屋顶森林主体，其种植形式以丛植、孤植为主。

b. 阳台、窗台绿化：可将绿色藤本植物引向上方阳台、窗台构成绿幕，向下垂挂形成绿帘，也可附着于墙面形成绿壁。

c. 墙面绿化：墙面宜以攀缘类植物为主，充分利用空间增加绿化面积。

d. 立交桥、高架桥绿化：高架桥桥面绿化宜使用种植槽种植灌木或藤本植物，立柱绿化厚度控制在 15～30cm，护栏、中央隔离带和隔离栅绿化可栽植多层次灌木。

e. 覆土建筑绿化：应协调屋面荷载与覆土厚度的关系，合理布局种植屋面的植物位置，选择经济适用、满足建筑使用要求的植物种类。防止深根系植物对建筑结构造成破坏或腐蚀。

2. 选种要求

树种应多选用耐旱、耐瘠薄、耐浅土层的乡土常绿树种，要求抗风性强、对极端气候具较强抗力、生长缓、耐修剪、存活时间长、有一定观赏价值。桥面绿化应选择喜阳、抗灰尘和吸收噪声强的植物，立柱与墙面宜选择耐阴的攀缘类植物。围墙、山墙的垂直绿化宜选择色彩、形态、质感相协调的植物材料，并考虑其风格、高度及墙面的朝向等因素；矮墙护栏的绿化植物宜充分考虑攀缘植物；棚架绿化宜选择卷须类和缠绕类藤本植物；阳台、露台绿化应以盆栽植物为主并配合攀缘植物。

3. 公共建筑立体绿化

公共建筑具有开展立体绿化的较好条件，新建公共建筑宜充分利用屋顶绿化、垂直绿墙、露台绿化、阳台绿化、建筑架空层公共绿化等多种形式开展立体绿化（图 3-15）。例如：新加坡设立了立体绿化替代率指标，并规定立体绿化替代率＝建筑立体绿化面积总和／该建筑占地面积。可作

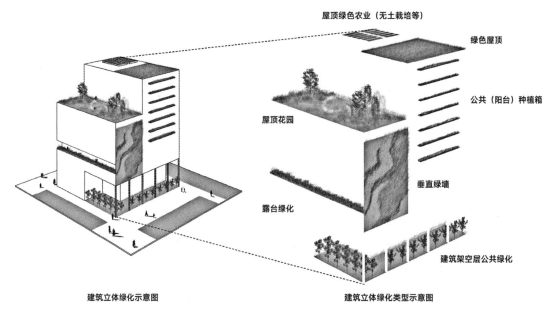

图 3-15 立体绿化可实施区域示意图

为立体绿化水平调控的指标有立体绿化容积率、立体绿化替代率等。《成都市立体绿化实施办法（征求意见稿）》也提出，非市政公用项目在公共开放空间实施立体绿化的，立体绿化面积可在报建审批过程中区分情况，按照乔木 100%、灌木 70%、草坪 20% 的比例抵扣绿地率，立体绿化抵扣不得超过绿地率的 20%。

三、动物栖息环境营造

（一）城市水生动物栖息环境营造

城市水生动物特点：受人类活动影响大、物种多样性较差、区域依赖性强、迁移能力弱、对环境污染及水体变化缺乏自我保护能力。

a. 水岸设计可用石块、枯木配合土岸或镶入竹管、水管、玻璃瓶等形成孔洞。

b. 利用石块、枯木、砖块加以堆叠，为水生类生物提供栖息空间（图 3-16）。

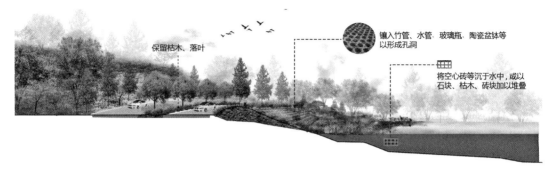

保留枯木、落叶

镶入竹管、水管、玻璃瓶、陶瓷盆钵等
以形成孔洞

将空心砖等沉于水中，或以
石块、枯木、砖块加以堆叠

图 3-16　陆生、水生动物栖息环境营建示意图

（二）城市陆生动物栖息环境营造

a. 应采用非硬质下垫面，保留地面枯木。

b. 挡土墙可利用垒石砌筑。

c. 动物活动较频繁、觅食且遇见率较高的区域，不设置照明系统。

（三）城市鸟类栖息环境营造

a. 可通过植被群落规划、微地形营造等措施形成连续性、网络化面状空间。

b. 种植设计应结合鸟类习性，遵循乡土物种为主和丰富群落多样性原则，构建食源性、庇护森林群落。

c. 除直接向鸟类提供食源的植物设计外，也可在城市森林中设置储水装置、食槽等（图 3-17）。

鸟类食源树种种植（浆果类）

蜜源树种种植

鸟类营巢目标树种种植

图 3-17　鸟类栖息环境营建示意图

第五节　林盘森林群落建设技术

一、林盘森林群落营建基础

（一）一般原则

a. 应遵循"保护优先、合理利用、适度改造"的总原则。

b. 林盘群落建设宜传承并突出川西人文特色与传统风貌。

c. 应根据林盘自然、地理与气候特征，适度增加林盘生物多样性与群落稳定性。

d. 宜结合当地居民生产需求与生活习惯配置林盘森林群落。

（二）基础地形营建

应充分尊重原地形，并可进行必要的土地及设施整理（灌溉排水、堡坎道路等），因发展乡村旅游、人居环境建设等确有必要进行地形优化的，可参照城市森林群落基础地形营建要求进行。

二、植物配置及树种选择

（一）配置要求

应注意林盘与周边各类群落立地条件以及各种植被层次的植物配植方式。通过乔木、灌木、草本、草花等多层次、多品种的组合，形成综合稳定的复合植物群落（图3-18）。

（二）选种要求

应严格保护大于3笼以上的竹林或胸径在15cm以上的高大乔木。外围林地应以树形高大、抗性好、材质优良的乔木、竹林为主，且选择的品种应与周边的植被群落和谐统一。内部庭院应选择观赏性好的花灌木或者果树类植物，参照附录F。

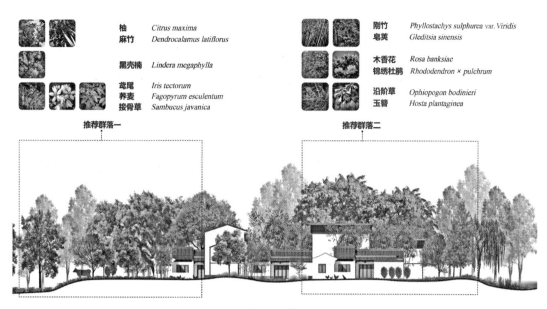

柚	*Citrus maxima*
麻竹	*Dendrocalamus latiflorus*
黑壳楠	*Lindera megaphylla*
鸢尾	*Iris tectorum*
荞麦	*Fagopyrum esculentum*
接骨草	*Sambucus javanica*

推荐群落一

刚竹	*Phyllostachys sulphurea* var. *Viridis*
皂荚	*Gleditsia sinensis*
木香花	*Rosa banksiae*
锦绣杜鹃	*Rhododendron × pulchrum*
沿阶草	*Ophiopogon bodinieri*
玉簪	*Hosta plantaginea*

推荐群落二

图 3-18　林盘森林营建示意图

三、动物栖息环境营造

（一）林盘两栖动物栖息环境营造

林盘两栖动物特点：区域依赖性强、迁移能力弱、对环境污染及水体变化缺乏有效的自我保护能力。可布置水网路径，创造人工水系网络，丰富靠近水源区域的昆虫种类与数量，作为两栖动物栖息环境及迁徙通道（图 3-19）。

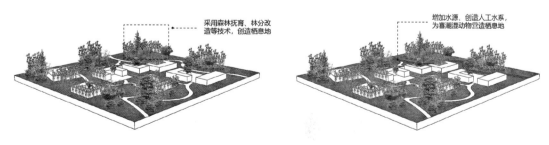

将野生动物保护融入林地经营　　　　　　　　增加水源

图 3-19　林盘两栖动物栖息环境营建示意图

（二）林盘陆生动物栖息环境营造

a.宜增加水源、食物和隐蔽场所，促进野生动物种群数量的恢复。

b.应采用森林抚育、林分改造等技术，将野生动物保护融入林地经营环节。

（三）林盘鸟类栖息环境营造

a.应结合川西自然地理条件，构建以乔木、灌丛、竹林为主的传统林盘植被群落。

b.应充分利用林盘周边池塘、溪流、水田等元素，抚育本地植物群落。适当补种浆果、食源、蜜源、营巢类植物，营建灌丛、水生植物群落，增强鸟类食源供给和栖息条件（图3-20）。

c.宜适当选用结果型植物。

第六节　山脉浅丘森林群落建设技术

一、山脉浅丘森林群落营建基础

（一）一般原则

a.应遵循海拔梯度特征开展山脉浅丘森林群落建设。

b.宜充分利用地形、方位、海拔、水热、土壤等各种条件，建设丰富多样的微生境。

图3-20　林盘鸟类栖息环境营建示意图

c. 用地较完整、规模较大的山脉浅丘森林应作为核心森林斑块与栖息地建设的重点，提升生物多样性。

（二）基础地形营建

该生境地段多为自然坡地，生态敏感性高，应保护现有林地，退出陡坡农田，保留山地原生自然特色景观，如崖壁、洞穴、石盘、溪涧等；除需要重点生态修复的部分区域外，原则上不进行大的土方工程。

二、植物配置及树种选择

山脉浅丘森林群落应以自然林群落为主，增强森林群落稳定性。应使用地带性植被优势种、乡土树种，常绿与落叶相结合、针阔叶相结合，同时结合彩色树种、珍贵树种，改善森林结构。水土保持稳定、无次生灾害发生的区域，性质为园地的土地可适当经营经果林（图3-21）。

（一）配置要求

a. 在原有植被基础上，宜通过封、育、补、造、营林等技术手段补充可观花、观叶的常绿阔叶树种幼树。原则上同一植物连续面积不超过30亩，每100亩范围内，栽植乔木树种不低于5种。

b. 采用行间、带状或行带状混交，自然散点式栽植。荒山造林地块，包括原生乔木，总体造林密度宜每亩50～70株，阔叶乔木胸径≥2cm，针叶乔木高≥1m。台地、坡耕地造林地块，总体造林密度宜达到每亩

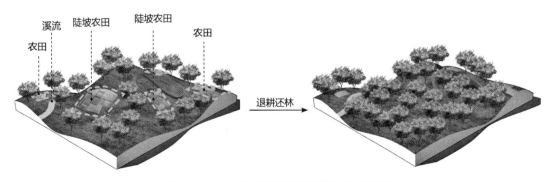

图3-21　山脉浅丘生境退耕还林示意图

40～50株，阔叶乔木胸径≥4cm，针叶乔木高≥1m。

c.坡度0°～15°时，应采用自然式搭配，尽可能种植本土色叶类乔木，增加多年生草花植物。坡度16°～30°时，可适当引种部分栽培植物。坡度31°～45°及以上时，植物以高大乔木和本土草本植物为主（图3-22）。

（二）选种要求

应首先选择适应性强的乡土树种和抗病虫害能力强的观赏树种，其次选择耐瘠薄、季相变化明显、观花观果的树种，参照附录G（图3-23）。

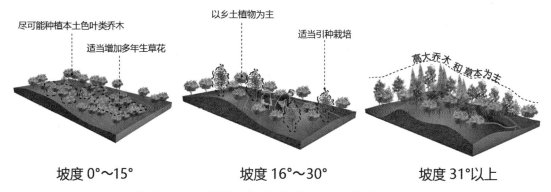

坡度0°～15°　　坡度16°～30°　　坡度31°以上

图3-22　山脉浅丘生境不同坡度森林营建示意图

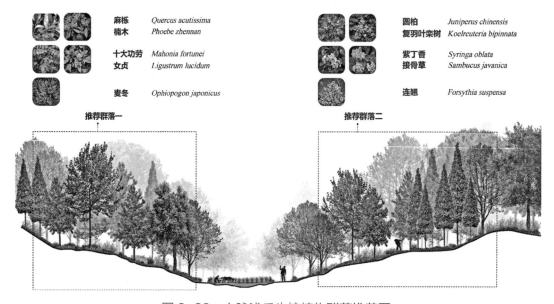

麻栎	*Quercus acutissima*		圆柏	*Juniperus chinensis*
楠木	*Phoebe zhennan*		复羽叶栾树	*Koelreuteria bipinnata*
十大功劳	*Mahonia fortunei*		紫丁香	*Syringa oblata*
女贞	*Ligustrum lucidum*		接骨草	*Sambucus javanica*
麦冬	*Ophiopogon japonicus*		连翘	*Forsythia suspensa*

推荐群落一　　　推荐群落二

图3-23　山脉浅丘生境植物群落推荐图

三、动物栖息环境营造

（一）山脉浅丘水生动物栖息环境营造

山脉浅丘水生动物特点：区域依赖性强、迁移能力弱、对环境污染及水体变化缺乏有效的自我保护能力。可在近岸放置石块，促进河流深潭－浅滩结构的形成，创造栖息空间（图3-24）。

（二）山脉浅丘陆生动物栖息环境营造

a.可通过增加水源、食物和隐蔽场所，恢复营造适宜栖息地。

b.龙泉山系及重点地区应建立信息化管控机制。

c.应进行周期性封山育林，特别是原生林和一定规模次生林的封育，一般是冬末春初开禁割草，春末夏初封山育林。以次生林"封"为辅，"育"原生林为主。其中，构建次生林的主要树种可选马尾松，次要树种可选杉木。

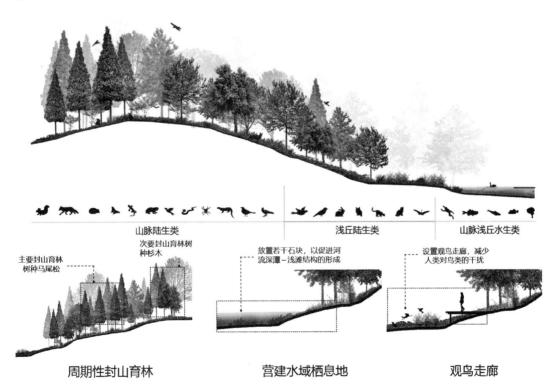

图 3-24 山脉浅丘生境动物栖息地营建示意图

d. 应布置必要的森林野生动物活动警示标识。

（三）山脉浅丘鸟类栖息环境营造

a. 应营造适宜多种鸟类觅食、营巢、夜栖的复层植被群落，包括乔木林、次生疏林及稀疏灌丛等。

b. 步道设计应与森林板块核心保持安全距离，降低人类活动对鸟类栖息地和鸟类活动的影响。

第七节　河岸带森林群落建设技术

一、河岸带森林群落营建基础

（一）一般原则

a. 河岸带森林群落应以营建"连通性好、防护性佳、观赏性高、游憩价值突出"的多功能复合型森林廊道为目标。

b. 河岸带森林宜沿等高线分布，利用河岸带建立保护缓冲带，截留沉积物、控制面源污染、减缓对河岸的侵蚀。

c. 宜根据河岸带两侧土地利用条件、自然资源条件、城市段和乡村段的差异合理设置河岸带森林的宽度。在坡度较陡的地方，入渗能力较低的土壤或下垫面应相对较宽。

d. 宜在河流交叉口、河岸带近邻山体等有条件地方建设森林斑块，构建生物栖息地。

e. 应避免建成单一植被类型的带状廊道，在用地条件允许的郊野段尽可能将河岸带设计成较宽阔的连接区或多条廊道联通的方式；在条件受限的地方可设置踏脚石，加强与邻近森林斑块的联通（图 3-25）。

（二）基础地形营建

坡度＞20% 的新建造林地块应按照坡度≤20% 进行拉坡处理。坡面建水平导流渠和纵向排水沟，种植地被植物，沟底建集水区。河流廊道和

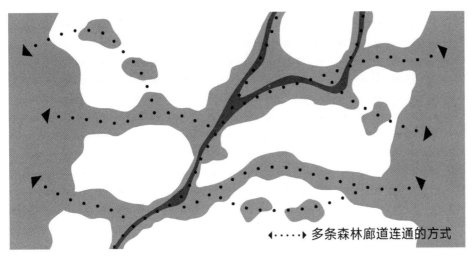

图 3-25　森林多廊道连接方式示意图
（由《缓冲带、廊道和绿色通道设计指南》改绘）

生物廊道的林地边缘，宜结合地形现状整理优化形成凹凸有致、变化自然的地形。地形起伏较大的区域，可适度降低地形高差、增加漫滩面积、丰富水陆交汇面，为植物提供立地条件和适宜环境；地形起伏较小的区域，应保留低洼地形，加强河网联通，营造多样化自然水形（图 3-26）。

二、植物配置及树种选择

（一）配置要求

群落内部以乔、灌、草混交群落为主，草本盖度应高于 30%，数量不少于 5 种。不同形式河岸采用不同配置方式。具有较强游憩性功能要求的

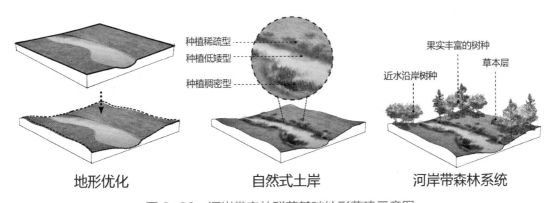

图 3-26　河岸带森林群落基础地形营建示意图

河岸带，宜选用高大挺拔、观赏价值高、寿命较长的树种作为骨干树种。

a. 自然式土岸

沿岸应采用远近结合、疏密相间、高低错落的种植方式，临水可选择低矮且枝干探向水面的植物。

b. 规则石岸及混凝土岸

宜采用具有柔软多姿枝条的树种。

c. 自然式石岸

植物种植边缘线宜灵动曲折，搭配时注意不同植物叶色及花色组合效果。

（二）选种要求

以立地条件和发挥生态功能作为选种依据，应选择抗污能力强的树种，并尽可能形成复层结构。近水沿岸应选耐湿固堤、主根发达、枝条繁茂树种，孤植树和树丛宜选观赏特征明显、果实丰富的树种，适当增加群落中鸟类食源树种比例。草本层选用高度约30cm的结籽植物，参照附录H（图3-27）。

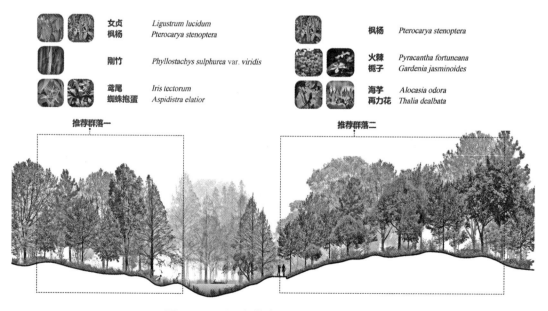

女贞	*Ligustrum lucidum*
枫杨	*Pterocarya stenoptera*
刚竹	*Phyllostachys sulphurea* var. *viridis*
鸢尾	*Iris tectorum*
蜘蛛抱蛋	*Aspidistra elatior*

枫杨	*Pterocarya stenoptera*
火棘	*Pyracantha fortuneana*
栀子	*Gardenia jasminoides*
海芋	*Alocasia odora*
再力花	*Thalia dealbata*

推荐群落一　　　推荐群落二

图 3-27　河岸带森林群落构建示意图

三、动物栖息环境营造（图 3-28）

（一）河岸带水生动物栖息环境营造

a. 应通过柔性材料的运用、柔性施工技术等生态技术进行柔性河岸重建，破除硬质水泥陡岸和顺直平整的人工坡面。

b. 宜运用火山石和木质物残体等柔性材料形成多孔穴空间，作为水生昆虫、虾等动物栖息和庇护场所。

（二）河岸带陆生动物栖息环境营造

应根据水文变化，通过地形和植物设计，将河漫滩洼地、河漫滩水塘等多种生境类型有机镶嵌，将湿草甸、干草地、灌丛等河漫滩植被有机结合。宜构建"河道－深潭－浅滩－沙洲"河岸系统，营造多样化的栖息地生境。如果沿河岸带设置有绿道的，绿道宜沿着或靠近原有的人工或自然边界分布，减少因道路贯穿河岸带森林而导致对动物栖息地的干扰。

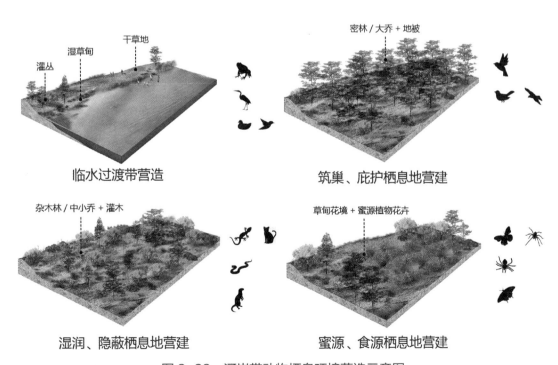

临水过渡带营造

筑巢、庇护栖息地营建

湿润、隐蔽栖息地营建

蜜源、食源栖息地营建

图 3-28　河岸带动物栖息环境营造示意图

（三）河岸带鸟类栖息环境营造

a. 应按照水到陆的生境梯度，优化林水复合生境内的植物群落结构和类型，还应考虑通过为鱼、虾等水生动物提供生存环境来间接为鸟类提供食物。

b. 应适当延长岸线长度，用弯曲多变的水岸线增加水体与陆地的接触面，创造多类型的水域环境。

第八节　湿地森林群落建设技术

一、湿地森林群落营建基础

（一）一般原则

a. 应构建物种多样、层次复合、微生境丰富的"陆地－水上－水下"一体化湿地森林生态系统，加强"湿地－森林"林水过渡带设计。

b. 应结合所在湿地生境内（或潜在）不同种类野生动植物及其生态习性和生活习性营建湿地森林栖息地。

c. 在具有条件的区域应尽量保留或恢复湿地"原始"状态，设置湿地岛屿等非进入区域，形成水鸟栖息地。

（二）基础地形营建

1. 浅滩营建

宜营建坡度在3%～9%之间、宽度≥5m、水深≤40cm的浅滩，单层铺设粒径3～10cm的砾石，面积不超过浅滩面积的70%。采用丛植、散植的方式种植低矮湿地植被，每亩不超过50丛（图3-29）。

2. 生境岛营建

应以营造整体起伏地形为主，深浅洼地、平地、断层等局部小地形为辅，构建曲折的生境岛岸线，其整体面积不超过开阔水面面积的5%，出水高≤1m。面积≤1亩时，以种植挺水植物为主，可适当种植湿生灌木，

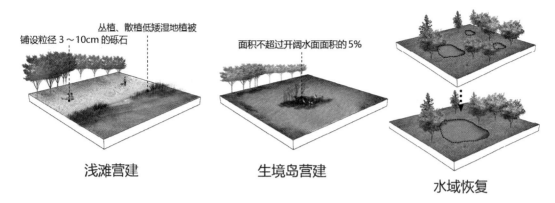

铺设粒径 3~10cm 的砾石　　丛植、散植低矮湿地植被　　面积不超过开阔水面面积的5%

浅滩营建　　　　　　　生境岛营建　　　　　　　水域恢复

图 3-29　湿地森林浅滩营建示意图

湿生灌木面积不超过生境岛面积的 10%；生境岛面积 1 亩以上的，可种植乔木，面积建议不超过生境岛面积的 5%。

3. 水域恢复

水源充足、低洼区域恢复面积应＞15 亩，平均水深 1.5m、最深处 4~5m 的开阔水面，并对零散小水面进行扩挖或连通。

4. 水下森林营建

可用微生物净化原理与沉水植物进行水体循环净化，重建水下生态链，构建植物净水"本底"，形成"草茂—水清—草更茂"良性循环。此外，宜选用藻类、浮游植物等底栖植物为螺类、贝类等底栖动物与鱼类提供食物。

二、植物配置及树种选择

（一）配置要求

应因地制宜，采用乔、灌、藤、草、挺水、沉水、浮水植物结合，并形成相对完整的区系植被群落。

（二）选种要求

宜用茎叶发达的植物阻挡水流、沉降泥沙，用根系发达的植物吸收水系污染物，参照附录 I（图 3-30）。

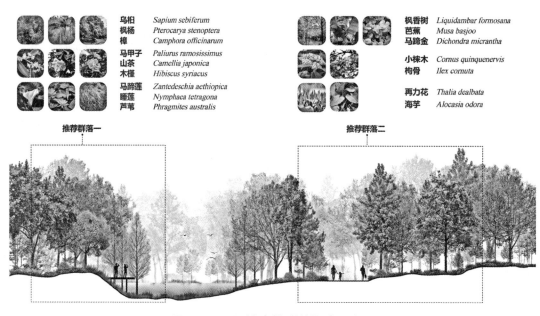

乌桕	*Sapium sebiferum*
枫杨	*Pterocarya stenoptera*
樟	*Camphora officinarum*
马甲子	*Paliurus ramosissimus*
山茶	*Camellia japonica*
木槿	*Hibiscus syriacus*
马蹄莲	*Zantedeschia aethiopica*
睡莲	*Nymphaea tetragona*
芦苇	*Phragmites australis*

枫香树	*Liquidambar formosana*
芭蕉	*Musa basjoo*
马蹄金	*Dichondra micrantha*
小梾木	*Cornus quinquenervis*
枸骨	*Ilex cornuta*
再力花	*Thalia dealbata*
海芋	*Alocasia odora*

推荐群落一　　　　　　　　　　　　推荐群落二

图 3-30　湿地森林群落构建示意图

三、动物栖息环境营造

（一）湿地水生动物栖息环境营造

a. 可在基底放置石块形成石块群，增加河道栖息空间多样性。

b. 进行驳岸设计，详细参考《公园设计规范》GB 51192—2016。

c. 高度落差较大的湿地类型可放置无污染的废旧构筑物以增加水体空间的多样性。

（二）湿地陆生动物栖息环境营造

可设计生态绿桥、桥梁式通道以及动物涵洞，为动物提供迁徙通道。

（三）湿地鸟类栖息环境营造（图 3-31）

a. 可将生态岛屿布置于湿地中的宽阔水域，既可为鸟类栖息、迁徙等活动提供场地空间，也可丰富湿地水域物种多样性。

b. 可将栖台及栖架布置于浅水或空旷草坪、林缘。可用枯树、木桩等接近自然的材料。

c. 可适当设置引鸟设施。

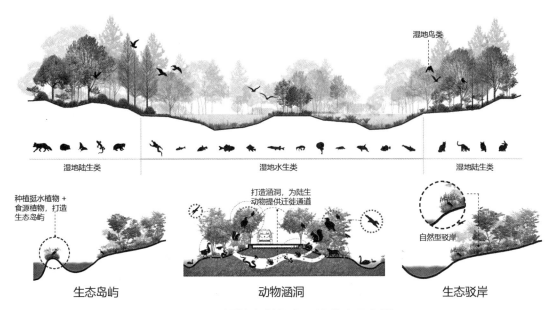

图 3-31　湿地鸟类栖息环境营建示意图

第九节　道路交通旁森林群落建设技术

一、道路交通旁森林群落营建基础

（一）一般原则

a. 道路交通旁森林应强化森林廊道的连通性与防护性功能。

b. 倡导乔木层、灌木层和地被层相结合的"近自然"复合植物群落模式，并遵循"异龄、复合、混交、疏密"相结合的原则。

c. 因道路形成路侧切坡的，应采取相应工程措施进行"近自然"修复。

（二）基础地形营建

a. 应参照城市森林群落基础地形营建，尽可能保留原始基底，重点区域道路廊道应营建自然起伏的微地形，地块边缘应模拟自然凹凸形态（图 3-32）。

b. 岩石裸露或坡度＞30°的地段应进行边坡处理，坡度＜30°且土

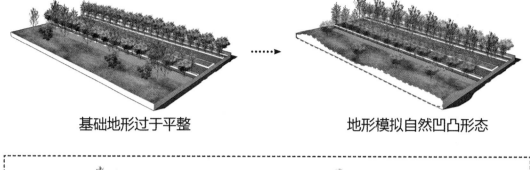

基础地形过于平整 ······▶ 地形模拟自然凹凸形态

城市段
疏透式、紧密式结构使乔木和灌木相结合

乡村段
自然散点式种植，林带宽度宜 > 50m

道路交通旁森林配置优化

图 3-32　道路交通旁森林生境基础地形营建示意图

层较深厚地段上可营建森林带，并景观化处理大型岩石和崖壁。

二、植物配置及树种选择

（一）城市段

1. 配置要求

宜根据道路属性和周边用地功能策划各具特色的植物主题大道景观。在考虑道路透景线的情况下根据居民锻炼、游憩要求，控制乔木盖度，按照疏透式和紧密式结构使乔木、灌木相结合，形成复层结构，地被植物用自然方式种植。

2. 选种要求

应选耐污染能力较强、耐旱能力强、景观效果较好的阳性落叶阔叶树种和乡土性落叶树种。重要节点可对道路两侧植被进行点缀补植，增加彩叶树种，体现植物的季相变化（图 3-33）。

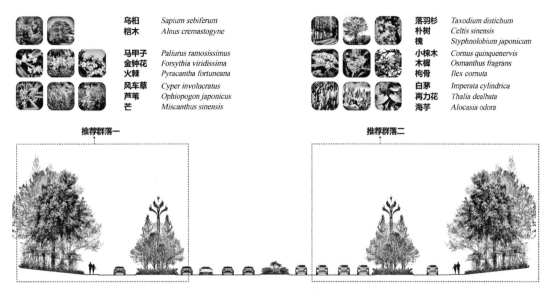

乌桕	*Sapium sebiferum*		落羽杉	*Taxodium distichum*
桤木	*Alnus cremastogyne*		朴树	*Celtis sinensis*
			槐	*Styphnolobium japonicum*
马甲子	*Paliurus ramosissimus*		小梾木	*Cornus quinquenervis*
金钟花	*Forsythia viridissima*		木樨	*Osmanthus fragrans*
火棘	*Pyracantha fortuneana*		枸骨	*Ilex cornuta*
风车草	*Cyper involucratus*		白茅	*Imperata cylindrica*
麦冬	*Ophiopogon japonicus*		再力花	*Thalia dealbata*
芒	*Miscanthus sinensis*		海芋	*Alocasia odora*

推荐群落一　　　　　　　　　　推荐群落二

图 3-33　道路交通旁森林群落营建示意图

（二）乡村段

1. 配置要求

采用行间、带状或行带状混交，自然散点式栽植，林带宽度宜
＞50m。

2. 选种要求

以常绿阔叶树为主，观景效果好的落叶阔叶树为辅，同时要具有阳性
树种及乔木下耐阴灌木，参照附录 J。

三、动物栖息环境营造

（一）道路旁陆生动物栖息环境营造

a. 动物频繁出没的区域应设置醒目的警示标志牌。

b. 动物通道出入口可设置围栏，以成漏斗形环绕野生动物通道两侧引
导动物。

c. 桥梁下方或隧道上方可设置由灌木及小型乔木组成的植物引导带，
也可在通道附近修建野生动物饮水池或盐带。

基于"踏脚石"的连接，将其与
周边具有一定规模廊道贯通相连

设置生物通道，并采取监测措施

乔木引导带
灌木引导带

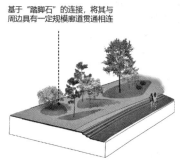

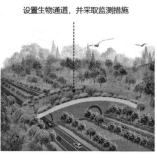
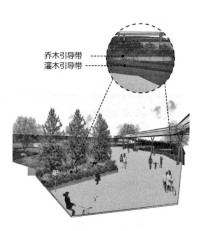

道路交通旁绿地"踏脚石"　　　　　生物廊道　　　　　　植物引导带

图 3-34　道路交通旁物种迁徙设施营建示意图

d. 道路建成后，应对野生动物通道开展科学监测，如直接计数、自动摄影、足迹监测、摄像监测、无线电遥测、标记重捕等。

（二）道路旁鸟类栖息环境营造

道路周边应具有一定规模的集中绿地、道路绿地和附属绿地以廊道贯通相连，为物种迁移与基因交流提供更有效的中转服务网络，形成动物"踏脚石"（图 3-34）。

附表

附　录　A

（资料性附录）

城市森林群落（公园游憩森林）推荐群落表

植被类型	群落名称		伴生种
常绿落叶阔叶混交林	香樟＋槐树—野迎春＋紫叶小檗—吉祥草＋蝴蝶花	乔木	峨眉含笑、丹桂、天竺桂
		灌木	女贞、栀子
		地被	白茅
	蓝花楹＋杜英—山茶—蜘蛛抱蛋＋凤尾蕨	乔木	楠木、鸡爪槭、玉兰
		灌木	冬青、红花檵木
		地被	薹草、沿阶草
落叶阔叶林	刺槐＋黄葛树—鸡爪槭＋金叶女贞＋野迎春—麦冬	乔木	复羽叶栾树、合欢、蜡梅
		灌木	夹竹桃、杜鹃、十大功劳
		地被	石蒜、红花酢浆草、结缕草
	银杏＋皂荚—凤尾竹＋金丝梅—麦冬＋鸭跖草	乔木	鸡爪槭、慈竹、紫竹
		灌木	山茶
		地被	中华薹草、白茅、藤本月季、蔷薇
常绿阔叶林	香樟＋楠木—匙叶黄杨＋茶梅—麦冬＋白茅	乔木	木樨、含笑、西府海棠
		灌木	垂丝海棠、柄果海桐
		地被	马蹄金、葱兰、蔷薇
常绿针叶林	罗汉松—匙叶黄杨＋栀子—沿阶草	乔木	蜡梅、紫薇、乐昌含笑
		灌木	红花檵木
		地被	石竹、石蒜
针阔叶混交林	落羽杉＋槐树—伞房决明—夹竹桃—水竹＋美人蕉	乔木	天竺桂、樟树、黑壳楠、朴树
		灌木	茶梅、紫金牛、栀子
		地被	狼尾草、白茅、蔓长春花
	圆柏＋香椿—黄杨＋碧桃＋金银木—鸢尾＋麦冬	乔木	国槐、白玉兰、栾树
		灌木	黄杨、碧桃、紫丁香、紫薇
		地被	月季

附 录 B

（资料性附录）

城市森林群落（居住游憩森林）推荐群落表

植被类型	群落名称	伴生种	
常绿落叶阔叶混交林	槐树＋香樟—矮棕竹＋垂丝海棠＋杜鹃—鸢尾＋吉祥草	乔木	桂花、皂荚、黑壳楠
		灌木	红花檵木、木槿、栀子
		地被	扁竹兰、石蒜、葱兰、蔷薇
	复羽叶栾树＋合欢—凤尾竹＋双荚决明—肾蕨＋车前	乔木	碧桃、香樟
		灌木	铁仔、栀子
		地被	早熟禾、扁竹兰、藤本月季、忍冬
落叶阔叶林	银杏—黄杨＋南天竹＋小叶女贞—麦冬＋沿阶草＋白茅	乔木	乐昌含笑、桂花、碧桃、垂柳
		灌木	红花檵木、山茶、八角金盘
		地被	葱兰、石竹、忍冬、常春藤
针阔叶混交林	雪松＋朴树—蜡梅＋金叶女贞—扁竹兰＋白花紫露草	乔木	广玉兰、西府海棠
		灌木	枸骨、蜀葵、紫叶小檗
		地被	吉祥草、肾蕨

附　录　C

（资料性附录）

城市森林群落（商业区休闲森林）推荐群落表

植被类型	群落名称	伴生种	
常绿落叶阔叶混交林	香樟＋鹅掌楸—小叶女贞＋海桐—沿阶草＋红花酢浆草	乔木	银杏、广玉兰
		灌木	山茶
		地被	三色堇、葱兰
	木樨＋玉兰—贴梗海棠＋含笑—狼尾草＋葱兰	乔木	杜英、樱花、碧桃
		灌木	垂丝海棠
		地被	金边吊兰、地锦
落叶阔叶林	银杏—黄杨—石竹＋沿阶草	乔木	榉树、龙爪槐
		灌木	火棘、鸡爪槭
		地被	石蒜
	黄葛树＋国槐—紫叶小檗＋南天竹—四川蜘蛛抱蛋＋中华薹草	乔木	含笑、西府海棠
		灌木	贴梗海棠、荚蓂
		地被	凤尾蕨、鸢尾、扁竹兰

附　录　D
（资料性附录）
城市森林群落（工厂企业防护森林）推荐群落表

植被类型	群落名称	伴生种	
常绿落叶阔叶混交林	黄葛树＋香樟＋银杏—构树＋石楠—白茅＋马蹄金	乔木	楠木、复羽叶栾树、朴树
		灌木	峨眉含笑、枸骨
		地被	吉祥草
	朴树＋广玉兰—雀舌黄杨＋杜鹃＋南天竹—沿阶草＋麦冬	乔木	喜树、杂交鹅掌楸、无患子
		灌木	棕榈、雀舌黄杨、夹竹桃
		地被	白花紫露草、忍冬
针阔叶混交林	侧柏＋臭椿—山茶＋丝兰—结缕草	乔木	榆树、黄葛树、乌桕
		灌木	珊瑚树、卫矛、木槿
		地被	月季、狗牙根
常绿阔叶林	香樟—珊瑚树＋无花果—结缕草＋莎草	乔木	毛白杨、羊蹄甲、梧桐
		灌木	黄杨、紫薇、八角金盘、紫藤
		地被	麦冬、沿阶草

附 录 E
（资料性附录）
城市森林群落（街道交通森林）推荐群落表

植被类型	群落名称	伴生种	
落叶阔叶林	二球悬铃木—金叶女贞＋ 红花檵木—吉祥草＋结缕草	乔木	天竺桂
		灌木	南天竹
		地被	麦冬
	复羽叶栾树—合欢＋ 矮棕竹—鸢尾＋中华薹草	乔木	黄葛树
		灌木	鸡爪槭
		地被	白茅、狼尾草
常绿阔叶林	杂交鹅掌楸—小叶女贞＋ 海桐—沿阶草	乔木	银杏、鹅掌楸
		灌木	蜡梅、紫薇
		地被	麦冬、鸢尾

附 录 F

（资料性附录）

林盘森林群落推荐群落表

植被类型	群落名称	伴生种	
常绿落叶阔叶混交林	枫杨＋香樟—女贞＋黑壳楠—接骨草＋玉簪	乔木	水杉、楝、朴树
		灌木	山茶、杜鹃
		地被	狼尾草、石蒜
	国槐＋黑壳楠＋慈竹—棕竹＋蜡梅—沿阶草	乔木	香樟、榆树、皂荚
		灌木	月季花、冬青卫矛
		地被	马齿苋、麦冬
竹林	慈竹＋水杉—冬青卫矛＋小叶女贞—狼尾草＋沿阶草	乔木	天竺桂、楠木
		灌木	棕竹
		地被	麦冬、玉簪
	麻竹＋楝—蜡梅＋山茶—马蹄金	乔木	枫杨、木樨、喜树
		灌木	蜡梅、桑树
		地被	麦冬

附　录　G

（资料性附录）

山脉浅丘森林群落推荐群落表

植被类型	群落名称	伴生种	
常绿落叶阔叶混交林	麻栎＋楠木—十大功劳＋女贞—麦冬	乔木	乐昌含笑、山枇杷
		灌木	鹅掌柴、海桐
		地被	鸢尾、沿阶草
	槐树＋香樟—红花檵木＋海桐—沿阶草＋狼尾草	乔木	红枫、鸡爪槭
		灌木	栀子、西府海棠
		地被	狼尾草、金边吊兰
常绿阔叶林	楠木—贴梗海棠＋黄槐决明—麦冬	乔木	黄连木、杜英、玉兰
		灌木	金叶女贞、南天竹
		地被	鸢尾、沿阶草
	香樟—铁仔＋山茶—沿阶草＋凤尾蕨	乔木	合欢、紫叶李
		灌木	金丝梅
		地被	四川蜘蛛抱蛋
落叶阔叶林	朴树—油茶＋海桐—中华薹草	乔木	木樨、龙爪槐
		灌木	栀子、蜡梅
		地被	美人蕉
针阔叶混交林	圆柏＋复羽叶栾树—丁香＋接骨草—连翘	乔木	蓝花楹、峨眉含笑
		灌木	十大功劳、红花檵木
		地被	沿阶草

附　录　H1
（资料性附录）
河岸带森林群落推荐群落表

植被类型	群落名称	伴生种	
常绿落叶阔叶混交林	刺槐＋楠木—十大功劳—肾蕨＋蜘蛛抱蛋	乔木	银杏＋垂柳
		灌木	木芙蓉＋野迎春
		地被	沿阶草
针阔叶混交林	水杉＋榿树—木槿＋木芙蓉—扁竹兰＋八仙花	乔木	池杉
		灌木	海芋、夹竹桃
		地被	鸢尾

附　录　H2
（资料性附录）
河岸带森林群落（乡村段）推荐群落表

植被类型	群落名称	伴生种	
落叶阔叶林	枫杨—火棘＋栀子—海芋＋再力花	乔木	杨树、喜树
		灌木	金钟花
		地被	玉簪
针阔叶混交林	池杉＋喜树—芦竹—菖蒲＋水葱	乔木	水杉、乌桕
		灌木	栀子
		地被	肾蕨、菖蒲

附 录 I1

（资料性附录）

湿地森林群落推荐群落表

植被类型	群落名称	伴生种	
常绿落叶阔叶混交林	枫杨＋香樟—山茶＋木槿—马蹄莲＋芦苇＋睡莲	乔木	杨树、池杉
		灌木	芦竹
		地被	渐尖毛蕨，肾蕨
落叶阔叶林	桤木—火棘＋金钟花—旱伞草＋芦苇	乔木	喜树、凤凰竹
		灌木	紫薇、杜鹃
		地被	麦冬
针阔叶混交林	水杉＋喜树—金丝桃＋常山—小叶扶芳藤＋艳山姜	乔木	刺槐
		灌木	杜鹃、海桐
		地被	渐尖毛蕨，肾蕨

附 录 I2

（资料性附录）

湿地森林群落（乡村段）推荐群落表

植被类型	群落名称	伴生种	
落叶阔叶林	乌桕＋杨柳—夹竹桃＋水麻—芦竹	乔木	落羽杉、枫杨
		灌木	棣棠、栀子、双荚决明
		地被	蔓长春花
针阔叶混交林	落羽杉＋国槐—枸骨＋小徕木—再力花＋海芋	乔木	喜树、垂柳
		灌木	野迎春、杜鹃、紫金牛
		地被	肾蕨、菖蒲

附 录 J1
（资料性附录）
道路交通旁森林群落推荐群落表

植被类型	群落名称	伴生种	
落叶阔叶林	银杏—鸡爪槭—麦冬	乔木	复羽叶栾树、合欢、杨树
		灌木	蜡梅、紫薇
		地被	沿阶草、白茅
	蓝花楹—山茶—蜘蛛抱蛋＋凤尾蕨	乔木	杜英
		灌木	海桐、蜡梅
		地被	麦冬
常绿阔叶林	天竺桂—海桐＋南天竹—沿阶草	乔木	木犀、垂丝海棠、红枫
		灌木	龟背竹
		地被	车前草、葱兰
	香樟—海桐＋金叶女贞—八角金盘＋石竹	乔木	枫杨、朴树、皂荚
		灌木	双荚决明、栀子、杜鹃
		地被	扁竹兰、麦冬

附 录 J2
（资料性附录）
道路交通旁森林群落（乡村段）推荐群落表

植被类型	群落名称	伴生种	
常绿落叶阔叶混交林	天竺桂＋杨树—鸡爪槭—红花酢浆草＋吉祥草	乔木	槐树、栾树
		灌木	枸骨、南天竹、卫矛、夹竹桃
		地被	白茅、狼尾草
	楠木＋银杏—山茶＋十大功劳—黑麦草＋忍冬	乔木	槐树、复羽叶栾树
		灌木	白茅、麦冬
		地被	中华薹草
常绿阔叶林	香樟—金叶女贞＋紫叶小檗—鸢尾＋葱兰	乔木	枫杨、润楠、银杏
		灌木	绣球、海桐
		地被	石蒜
落叶阔叶林	复羽叶栾树—夹竹桃＋杜鹃—早熟禾＋马蹄金	乔木	合欢、国槐、紫叶李
		灌木	栀子、双荚决明
		地被	沿阶草、白茅

第四章 共享的森林系统：城市森林场景营造

在第二章高效的森林系统和第三章健康的森林系统之后，本章将聚焦"如何建设好用的森林"这一问题，即以特色场景营造为途径，充分挖掘城市森林的多元化社会服务潜力，实现城市森林的高水平共享利用。

第一节　森林是谁的？

一、森林是万物生灵的栖息乐园

森林是陆地上生物多样性最高、生态效益最显著、物种构成最复杂的生态系统。乔木、灌木、地被、草本、藤本、苔藓等各种植物，昆虫、鸟类、哺乳动物、爬行动物、两栖动物、鱼类等各种动物，以及各种微生物，万物生灵共同构成了复杂的森林生态系统。生灵们在森林中各得一席之地，互相制衡，又互为依存，维持着精妙的生态平衡，形成生机勃勃的栖息乐园。在健康的森林生态系统中，除了我们易于感知的挺拔高大的乔木外，林间、林下空间丰富的灌木、草本、藤本、苔藓乃至菌类，甚至地表以下依然是生命繁盛。即使是城市环境中的小尺度森林斑块，依然有着鸟类、昆虫甚至小型兽类等常年住户或者临时客人，并为他们提供着各种食物、栖居和繁衍场所。可以说，没有森林，就没有今天地球的勃勃生机，就没有今天城市的健康繁荣（图 4-1）。

图 4-1　森林是万物共生的乐园

二、森林是全民共享自然馈赠之所

对于城市森林而言，除了作为广大动植物的共享家园外，还具有显而易见的价值——为城乡居民提供极其丰富、多样、触手可及的生态福祉。一方面，城市森林为我们源源不断地输送新鲜氧气和负氧离子，吸收二氧化碳和各类废气，滞尘纳污，涵养水源，提供了非常重要的调节作用和支持作用。另一方面，"开门见绿、推窗见景"的城市森林也为人提供了沉浸式的休闲、锻炼场所，为钢筋水泥都市增添了不可或缺的立体自然元素，使人不必远离城市就可以回归大自然，减缓精神紧张与压力，修复疲劳并恢复活力。此外，城市森林还可与展览馆、纪念馆等公共服务设施，以及教育、商业、住区等多元场所相结合，形成自然美与人文美的复合体，成为独具魅力的审美欣赏对象。

森林的价值还远不止于此。要完整理解城市森林对于人的价值，还需要我们超越森林仅仅作为"乔木林"的刻板印象，真正理解并善用森林作为"生态系统"的本质特征。在管理良好的健康森林生态系统中，森林（包括经果林、用材林等）不仅可以提供水果、坚果、药材以及木材等人类生活必需品，其林下空间丰富的动植物还可以成为人类或亲近，或享用的对象。在瑞典的国家公园和城市公园中，森林中的浆果、蘑菇等是允许人们在自然体验或在野外生存条件下进行必要且有节制地采食的（图4-2）。生物多样性丰富的森林，作为昆虫、鸟类、兽类、爬行动物等的天堂，是久居藩篱的城市居民感知自然、接触万物生灵的绝佳场所。可以说，城市森林是城乡居民全面共享健康与生态福祉的重要对象。

图4-2　笔者在瑞典阿比斯库（Abisko）、泰瑞斯塔（Teresta）国家公园森林里徒步时品尝当地鸟儿采食的浆果。国家公园管理部门允许在特定区域进行简单的采食活动，已成为人们认识植物、感受自然、享受自然馈赠的美好体验

第二节　共享目标下的城市森林场景营造

场景营造是城市森林"价值变现"的重要方式。在公园城市、人民城市等理念的引领下，城市发展建设思路越来越关注人民日益增长的美好生活需要，以人的需求为导向，从"空间建造"向"场景营造"转变。

一、何为场景营造

提到场景，我们脑海里或许会浮现出各种各样的画面和图像，也可能会思索什么样的画面才是场景。在《牛津英语词典》中，"场景（Scenes）"指真实生活或戏剧、书、电影中的场面或片段，作为事件发生的地点、现场。而作为电影专业术语时，场景尤指对白、场地、道具等影片希望传递给观众的综合信息和感觉。那么，场景到底如何定义呢？尽管不同领域对其定义不同，但总的来说，场景是人与周围一切景物的组合，是"场地"和"场所"的纽带。因此，场景营造就是指有意识地构建人与场所互动的环境。城市森林场景营造，即是指从使用者的角度在城市森林空间中构建多样化的场所、策划多种活动，以"设施嵌入、功能融入、场景注入"等手段，全面营造公园城市森林使用场景。

场景营造是构建场景力的根本途径。具体而言，场景营造是与在地文化有机融合，构建可感知、可参与的消费体验新空间，进而营造更具场景力的城市空间，带给人们幸福感。其构建的重点不仅是氛围的营造，更重要的是从主题凝练、特色挖掘、功能植入到业态运营，再到文化内核。这些要素叠加之后，才可能形成可持续的、长久的场景力。

场景营造离不开人的活动与感受。场景营造不只是停留在场景的实践操作层面，还更加注重人在公共空间中的活动与感受，力求建立人与空间的互动关系。随着大众的审美和价值取向不断进步和改变，人们越来越难以被某些特定的场景所吸引，而是需要主动参与其中，并在人境互动中实现场所依恋。因此，没有人参与的空间就丧失了生命力，上述我们提到的场景力其实就是这个空间的生命力。

二、为何要进行森林场景营造

城市森林营建的目标在于为公众提供全方位的森林生态系统服务。联合国新千年生态系统服务评估将生态系统服务分为支持、供给、调节和文化服务四大类。其中，支持、供给和调节服务起着极端重要的城市基础性安全保障作用，是人类社会生存与发展的基础。不过大家可能会说，我怎么没感觉呢？是因为其往往以固碳释氧、水文调节、净化水源等免费形式出现，故而不易被人觉察。相较而言，文化服务则较易于理解，其指人们通过精神满足、认知发展、思考、消遣和美学体验而从生态系统获得的非物质收益。显然，森林生态系统文化服务是城乡居民能够直观感受和共享森林福祉的主要形式，能够极大地提升人们的幸福感、获得感、安全感和身心健康水平。

森林场景营造是更好地满足市民多元化、高品质生活需求的重要途径。在理想人居环境中，森林和城市不应是对立的，而应相互有机耦合，实现"人在城中，城在林中"，你中有我，我中有你。森林营建应以市民的多元使用需求为导向，从过去注重"空间建造"向注重"场景营造"转变。就森林场景而言，重点在于结合城市土地利用条件与森林资源特征，从使用者的角度在森林空间中构建多样化的场所、激发多元活动潜力，以"设施嵌入、功能融入、场景注入"等手段，全面营造各具特色的森林场景，满足市民共享高品质生活的需求（图4-3）。

三、城市森林场景营造策略

森林空间的场景营造需要突出开放和共享两方面。其中，开放是指融合森林和城市的边界，改善城市建设与森林空间的耦合关系，公园城市森林的场景营造要进一步满足城乡居民的休闲游憩需求。共享强调公园城市

图 4-3　日本国营昭和公园的儿童森林游戏场

森林的多元功能复合，在进行场景营造时，城市森林的生态、经济、景观和康养等功能均需综合考虑。

　　那么，如何进行城市森林场景营造呢？其关键在于，以满足市民高品质生活需求为出发点，提升森林空间的多种使用可能，激发市民自发性活动开展，提升空间环境活力的同时创造多重社会经济效益，提升城市品位、魅力和可持续发展能力。我们提出了以下五个策略（图4-4）。

（一）响应使用需求，打造主题森林空间

　　森林空间的主题化营造是活化绿色开放空间的一种方式。在城市中，有主题公园、主题社区、主题广场等主题化场所。在森林中，也能营造出多样的主题空间。以主题森林为载体，提升景观设计创意，更新老旧服务设施，整合绿色空间布局，打造主题性绿色空间。森林空间的价值体现在生态调控、经济社会、文化景观等多个方面，对于改善和调节城市生态环境、提高地区社会经济效益、塑造城市景观和文化特色具有重要的意义。

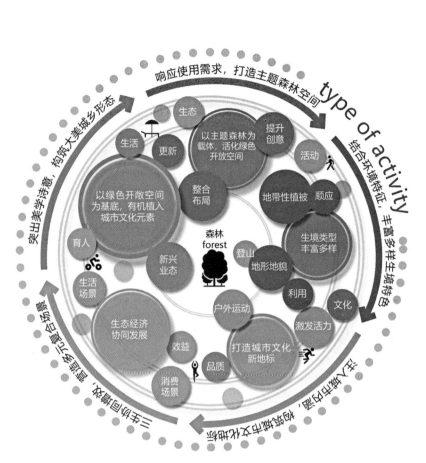

图 4-4　城市森林场景营造策略

（二）结合环境特征，丰富多样生境特色

由于地带性植被、地形地貌、海拔梯度、阴阳坡等不同，以及人为营造的道路、建筑、工程切面等因素，使得城市森林存在非常丰富的微生境类型。此外，由于森林树种和群落结构的多样性，为森林场景的构建提供了各种可能。场景营造应充分顺应地带性植被、生境特征，并充分利用植物本身的特点。

（三）注入城市内涵，构筑城市文化地标

在进行森林空间场景营造时，我们需要深度挖掘公园城市的文化底蕴，并结合现代时尚潮流文化需求，打造出城市文化新地标，才能激发城市的活力。活力的激发，离不开活动的发生。这时，森林空间可以开展充满活力的户外运动，如骑行、登山、垂钓、徒步等；也能进行独具创新的文化活动，如城市嘉年华、社区艺术节等。

（四）三生协同增效，营造多元复合场景

一方面，将生活场景与森林空间相结合，打造真正的绿色之家。另一方面，将消费场景与森林空间相结合，以带动产业经济，达到生态效益与经济效益协同发展。

（五）突出美学诗意，构筑大美城乡形态

"美"通过设计深入人们的生活起居、城乡建设中，构建一个美的生活和育人环境，才能更好地服务于人民群众的高品质生活需求。作为公园城市首提地的成都，以绿色开放空间为基底，有机植入消费、生活、新业态和蜀风雅韵的城市文化等元素，在城市中形成了丰富多样的消费场景、生活场景和文化场景。

根据以上策略，我们在天府新区森林生态发展建设规划实践中，聚焦于公园城市森林场景的特色营造，并结合公园城市森林特色和场景营造相关内涵，对公园城市森林空间进行布局和分类，提出了以构建"主题森林"和"特色森林游径"为核心的公园城市森林场景营造模式，为形成公园城市特色森林服务场景营造提供路径指引。

四、主题森林

主题森林是指以公园城市特色场景营造、人性化服务需求为导向，具有某一主题特色及主导功能的森林。综合考量天府新区公园城市森林空间的生境特征、周边土地利用情况、自然资源特色、整体空间均衡性、主导服务功能等因素，对面状、块状的森林空间进行主题场景营造，提出构建以下八类主题森林（图 4-5），分别为都市之森、田园之森、艺术之森、负氧之森、运动之森、水境之森、童梦之森、色彩之森。

（一）都市之森——天府都市区的标志性景观森林

都市之森是指位于城市发展核心区域，在高密度城市空间中创造出的野趣自然，减轻热岛效应，提升生物多样性的森林。作为天府都市区的

图 4-5 主题森林意向

标志性景观，都市之森与蜀都城市文化特色、都市生活方式紧密结合，形成城市中新型的休闲放松空间，实现蓝、绿、人、城有机融合的魅力都市环境。

（二）田园之森——大美乡村森林及传统林盘

田园之森是指以林、田、水、宅为主要要素，具有"沃野环抱、秀林簇拥、流水泽瀑"等独特风光的川西林盘森林。田园之森的营建传承了川西传统人居智慧，将聚落布局与生产、生活、生态融为一体。

（三）艺术之森——森林里的传统文化及时尚艺术

艺术之森是指将森林环境与传统文化及时尚艺术相结合的森林空间。通常以具有地域特色的森林艺术装置和文化设施为载体，为游人提供休闲游憩场所，提升区域精神、丰富艺术内涵。

（四）负氧之森——大型氧吧、森林康养、休闲度假的后花园

负氧之森主要是为城市提供固碳释氧、降温增湿、灭菌防护、负氧净气等生态系统服务功能，为久居都市樊篱的人群提供具有森林康养、森林

疗愈功能的大尺度原生态森林空间。

（五）运动之森——拥抱大自然的活力运动

运动之森是指结合居民健身及休闲活动需求，布置有运动场地与运动设施等的城市森林空间。运动之森以拥抱自然的形式引导居民参与全民健身活动，以运动健身为契机增加走进森林、接触大自然的机会。

（六）水境之森——特色水上森林和水下森林

水境之森是指以涵养水源、丰富生境为主要目的的特色水上森林及水下森林。水境之森通常以湿地为载体，在实现物种和景观的多样性，为游人提供亲水及观察接触各种水生动植物等方面发挥着重要作用（图4-6）。

图4-6　日本栃木县水上森林（宫园茉莉亚供图）

（七）童梦之森——森林中的儿童乐园

童梦之森是以儿童视角营建拥抱自然、游乐嬉戏、探索未知的多功能森林空间。童梦之森旨在提供全龄段儿童与自然环境亲密接触之所，有助于在游憩活动中实现寓教于乐，增进儿童好奇心、责任感，培养其关爱他人、勇于挑战的品质，和在自然中成长的美好愿景（图4-7）。

图4-7　瑞典国家城市公园森林里的儿童活动空间（周靖人摄）

（八）色彩之森——山系观彩叶以及其他色彩系列

色彩之森是以大规模观花、观叶游赏体验为主，具有丰富季相变化的自然或人工森林。色彩之森能够在一定程度上提升城市森林的可观赏性与识别性，使人感知大自然的季节变化，同时成为独特、亮丽的森林风景线。

五、特色森林游径

特色森林游径是按照森林主要功能和使用场景，对森林廊道进行特色划分，以游径为骨架，串联主题森林形成的线性森林系统。综合考量公园城市森林空间的生境特征、周边土地利用情况、自然资源特色、整体空间均衡性、主导服务功能等因素，按照森林特色、主要功能，对线性森林廊道进行特色划分，提出构建以下四类森林游径：活力径、家乐径、郊野径、研学径（图4-8）。

（一）活力径

活力径是依托城市重要道路路侧绿带，具有景观展示、运动休闲、游憩慢行功能的带状森林。在天府新区，以天府大道、科学城中路、梓州大道、二绕生态带四条路径形成"井"字形活力森林廊道格局。

图 4-8　特色森林游径

（二）家乐径

家乐径是指具有邻里交流、休憩健身功能，并且能带给居民以社区归属感，沿通勤通学路设置的线性廊道。在天府新区，家乐森林廊主要分布于天府中心、西部博览城、成都科学城、天府文创城等区域。

（三）郊野径

郊野径是分布于郊野的森林廊道，具有远足徒步、亲近自然功能，带给居民丰富的户外活动体验的森林游径。在天府新区，主要分布于龙泉山及白沙镇林盘组一带（新兴绿楔）。

（四）研学径

研学径是指沿城市河道布置，结合乡野山丘、展览馆舍等场所空间，具有植物认知、动物亲近、自然感知与文化体验功能的研学森林游径。在天府新区，研学径主要沿府河、鹿溪河和雁溪一带分布。

六、森林场景布局

以天府新区为例，基于城市森林场景营造，遴选部分高游憩价值森林空间，对公园城市森林进行布局规划，形成特色森林游憩系统。 在《天府新区直管区森林生态建设发展规划（2021—2035）》中，我们通过实地考察和场景内涵分析，结合森林场景营造的时代性、地域性、艺术性、互动性、原真性要求，现状及潜在森林价值、公共服务设施、公共交通站点、居住生活圈、绿道体系、地理区位特征等因素，对主题森林和特色森林游径进行了空间落位（图 4-9）。

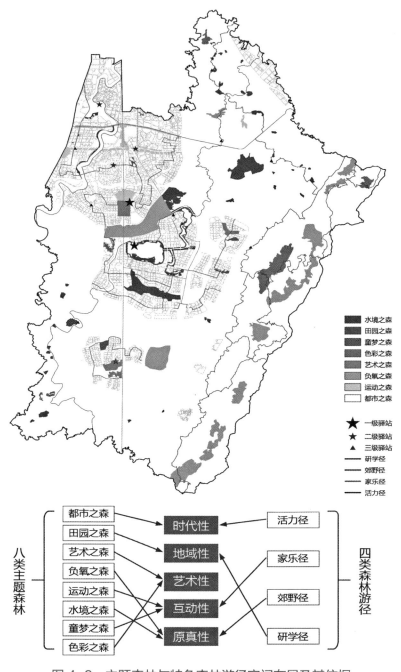

图 4-9　主题森林与特色森林游径空间布局及其依据

第三节　主题森林场景营造策略

本节以笔者承担的《天府新区森林生态发展建设规划》为例，重点探讨如何进行主题森林场景营造。显然，主题森林场景性格的形成与一个城市的自然地理环境、社会经济水平、历史文化传统和居民生活习惯等密切相关。对于某个具体场景而言，只要顺应上述特征，其场景魅力是可以被人为"设计"激发创造出来的。

但对于整个城市而言，正如简·雅各布斯所言，多样性和随机性才是城市生活魅力的来源。许多失败的开发项目表明，忽略使用者的参与创造，一厢情愿、简单粗暴的"系统性打造"，往往并不具备持久的生命力。因此，需充分认识到，本书所探讨的主题森林场景营造，只是就天府新区直管区案例，在系统层面对整个城市森林场景营造的整体愿景、宏观策略和规划建设进行指引，而非可以直接照搬实施的落地方案。要落地，尚须和具体的建设项目与空间场地结合，遵循"开放性、自发性"原则，尊重并激发城乡居民的广泛参与和二次创造，通过"自下而上"和"自上而下"相结合，逐步有机生成具体使用场景。只有理解场景营造的复杂性，才能营造出富有魅力和生命力的森林应用场景。

一、都市之森场景营造策略

（一）场景营造目标

1. 休闲游憩场景

在高密度人工环境中，通过"近自然"森林环境营建，减少城市建筑及交通等对视觉、听觉等的负面影响，优化现有公共绿地，融合多种形态模式，提高周围生活环境的自然度与舒适度，为游人提供丰富多彩的休闲游憩观赏空间。

2. 林中漫步场景

通过景观手法创造尺度多样的可进入式开放空间、林下休闲步道，使人在林中感受丰富的空间层次，或沿着步道穿行林间，或留观欣赏，令人感到身心舒适，提高城市市民生活品质。

（二）规划建设指引

1. 营建户外都市生活

（1）优化现有公共绿地

应综合考虑市民需求、城市发展、环境条件等多种因素，在城市公园、住区绿地等空间中营建森林，创造庇荫、疏朗、开敞结合的多种特色自然空间。

（2）提供社交活动空间

宜结合森林设计可进行都市休闲、集聚社交、节庆表演、城市集会等吸引市民参与利用的多功能场所。

（3）游径设计

配合不同区间环境或地形进行林下空间设计调整，在贯穿动线的同时应具备游人停留休憩场所，突出人性化设计。

2. 构建绿色生命之所

在进行种植设计时应配置适宜鸟类及各种亲人小动物栖息场所，适当整理林下空间，形成层次多样的微生境，并提供游人观赏体验自然生命的设施。

3. 激活都市商业场景

进行业态串联，可利用小微森林及廊道将都市圈内的各种业态串联，形成时刻有景可赏，具有服务配套的都市森林漫游体验区，提升城市活力。

二、田园之森场景营造策略

（一）场景营造目标

1. 林盘体验场景

保护川西林盘"林、水、田、宅、院"典型环境特征，传承舒适安逸的地域特色生活方式，提供深度体验乡村特色田园生活场景休闲机会。在由竹类、树林、灌丛、稻田等构成的林盘复合森林群落中，构建宜人的空间尺度和多层次景观空间，享受天府之国"川西坝子"的美妙意境。

2. 农耕生活场景

将现代农业、田园社区、休闲旅游等有机融合，鼓励运用传统农产品加工工艺，通过乡土植物、果园和菜园等组合，展现川西林盘独特农业景观。提供亲身体验种植与采摘机会，并从中收获农耕的快乐及意义。

（二）规划建设指引

1. 优化林盘景观结构

（1）优化生态格局

应保持场地原有农田、道路肌理，维持宜人空间尺度，保护林盘斑块，依托水系构建蓝绿复合廊道。

（2）完善景观层次

通过林、水、宅、田、院结合布置，构成聚落景观基底，形成林中有屋、宅旁有林、水旁有田、田间有林的多层次景观空间体系，保护川西特色乡村风貌。

2. 打造特色田园森林

（1）建筑群落

居住群落应保持川西民居传统的"院""林"特色，建筑建造应保持传统风貌，鼓励使用传统材料及工艺。

（2）农耕生活

培植优质果林、彩林，鼓励运用传统农产品加工工艺，制作乡村特色伴手礼，打造大美乡村文旅生活空间。

（3）田园度假

可打造以农家乐或艺术展览为核心，集餐饮、住宿、集市、工坊、乐园、田野、温泉等设施功能为一体的度假场所，带动乡村振兴（图4-10）。

图4-10　日本濑户内海乡村艺术之森

三、艺术之森场景营造策略

（一）场景营造目标

1.艺术感知场景

将艺术装置、文化设施与近自然森林融合布局，营造包含亲子活动、自然研学、艺术鉴赏等活动的多元化森林空间，使人在自然中获得艺术与文化熏染。

2.大地景观场景

将雕塑、建构筑物、景观装置等艺术作品与大尺度森林开放空间有机融合，突出艺术景观与自然的对比与冲击，通过艺术景观最大限度地体现西蜀地域之美和人文之美。

（二）规划建设指引

1.大地景观

（1）通过地形整治及植被空间划分，营造大地艺术景观，设置丰富的游客设施，如：野餐区、露营区、秘密花园、林间运动区等，形成多重艺术效果和体验感受。

（2）宜通过不同层次、色彩与质感植物运用，以组合及覆盖、围合、指引、强调等种植形式，展示场地特色及区域魅力。

2. 文创艺术

（1）文创空间

传统建筑宜通过维修改造、功能置换，形成文化创意展示区；新建文创区域应结合森林营建，创造性融入艺术元素，形成自然与艺术相得益彰的文化产业空间。

（2）时尚秀场

在文创设施外的森林空间中打造适宜文艺展演、艺术教育、艺术创作等的活动场地，提升文创艺术氛围，为公共活动运营提供场所。

四、负氧之森场景营造策略

（一）场景营造目标

1. "森林浴" 场景

在原生态、低介入的森林中自由徒步，浸身于阳光、空气、绿色的森林浴中，与大自然亲密接触，使人能够深度感受森林的宁静、湿润、富氧、气味等，从而舒缓身心、获得积极正面的情绪引导。

2. 森林探险场景

探寻森林中的"自然密码"，观察物候变化、节气变迁、植物生长、动物栖息繁衍等自然活动过程，或为深度体验自然进行有限的采集品尝浆果、花叶等自然活动。

3. 森林康养场景

将度假康养设施与森林相结合，遵循场地本身形态，集"农文餐体旅"为一体，提供家庭出游、好友团聚、企业团建等的短期森林度假空间，或养老、消夏等长时段康养之地。

（二）规划建设指引

1. 徒步与探险空间设计

（1）徒步线路

应提供难易度不等的游步道体系，并与场地景观资源、重要视觉点位结合设计，满足多维度使用需求，形成不同的观赏游历体验；应保证部分区域步道满足无障碍要求，应注重地面植物和高大乔木的保全，降低步道对生态系统的干扰。

（2）探险空间

应保留原有生态环境，可在森林核心区域外设置宽度小于 0.6m 的探险道路，提供近距离观察典型动植物活动过程的机会；探险路面应保留自然下垫面，并设置导向及警示标识。

2. 森林度假设施设计

（1）布局

整体布局结构应遵循场地本身形态，顺应原生地景特色。根据场地条件可采取分散式或组团式布局，将建筑设施对周围自然环境的影响降至最低。

（2）规模

设施用地规模和建筑体量不宜过大，宜小而精致，保证宽阔的景观视野及生活空间。

（3）形式

建筑物应采取单体或单体组合形式，外观简洁质朴，与森林氛围相契合。

（4）功能

根据场地条件及使用功能需求，可设置房车营地、森林木屋、林间帐篷或旅宿酒店设施。

五、运动之森场景营造策略

（一）场景营造目标

1. 运动健身场景

将体育健身场地与森林、草地等自然空间相结合，在林下空间或森林围合空间中设置多种不同功能的运动场地，开展各式健身活动，形成全民参与、动感活力的自然运动空间。

2. 丛林挑战场景

打造丛林探险运动空间，在森林中设置具有刺激性和成就感的挑战项目，形成野趣化、野性化的立体运动空间，拉近人与人、人与自然的距离。

（二）规划建设指引

1. 营地设施

应在森林或周边可建设范围内设置森林旅馆或露营区域，并配备盥洗间、简餐饮店、应急救护等设施设备，为游客提供休整场所。

2. 健身设施

（1）场景设置

根据场地条件选配足球场、篮球场、网球场、羽毛球场、乒乓球场等标准化运动场地，配建无动力健身器材，须符合安全使用标准，满足全龄段使用者需求。

（2）健身步道

宜根据运动类型设置相应的步道。如：适合骑行、滑板等运动的起伏型坡道，适合慢跑、散步等简易活动的平缓步道。

3. 探险场地

设计不同场景的森林探险空间，宜提供形式多样且具适度冒险性的游戏空间，可借助传说、童话、历史文化及奇幻之旅等元素建设探险主题森林乐园。

六、水境之森场景营造策略

（一）场景营造目标

1. 亲水娱乐

增加蓝绿复合的森林水景形式，将水境森林与都市生活相结合，形成流动的自然风景线，为人们提供滨水河畔、湖塘湿地等自然亲水休闲空间。

2. 自然感知

观察鸟兽虫鱼等动物的觅食、繁衍、迁徙活动，以及水生植物的生长、荣枯变化，感知自然与生命的奇妙。

（二）规划建设指引

1. 亲水休闲空间

（1）亲水界面

充分利用溪河流和湿地，通过林缘线和林冠线设计来丰富滨水森林景观层次；建立连续的森林化亲水界面，因地制宜设置开放空间，提升森林滨水游憩的可接近性与连续性。

（2）亲水设施

在河湖湿地的景观节点，融合多种景观元素设置亲水平台，结合游人动线设置栈道，提供亲水漫步、观赏游览等体验空间。

（3）植被选取

应营建疏密有致、林水复合、过渡自然的多类型植被空间，游人活动场所处宜选用枝干挺拔、冠大荫浓、耐湿耐涝的树种。

2. 生物栖息环境

（1）栖息营地

打造水岸陆生生境、浅滩生境、生境岛等多种栖息场地。

（2）植被选取

综合运用乔木林、灌丛、高草、挺水、浮水、沉水等多种植被类型，营造丰富的水生态系统。为各种生物提供丰富的食源，以及栖息生境和繁殖场所，提升生物多样性。

七、童梦之森场景营造策略

（一）场景营造目标

1. 户外游憩

在森林中设置多种类型的趣味空间，开展攀岩、嬉游、追逐玩闹等各种活动，感受大自然的魅力，促进儿童在自然中健康成长。

2. 自然体验

利用森林场景开展自然体验教育，使儿童深处于大自然的课堂中，在玩耍的同时感受、感悟、感知大自然赋予的生活经验，探索新知，为儿童健康成长奠定坚实的基础。

（二）规划建设指引

1. 游憩活动空间

（1）宜选取宽阔无障碍或有一定地形起伏的区域。根据场地条件和儿童体型体力特征设计活动空间、冒险游戏场等。

（2）应精心梳理地形，营造开阔、幽深、障碍等多形式的活动空间。利用游具设施提供儿童玩耍项目，或利用自然场地诱发儿童自主探索性活动，或激发挑战冒险行为。

（3）应提供与儿童游憩相结合的家长看护休息空间。

（4）应提供具备较强互动性与参与性的活动设施，增强儿童的观察感知及动手能力。

2. 自然体验场所

（1）在具备水资源条件的场地中，营建可进入式的湿地花园，提供近距离玩水或观察各种水生动植物的相应设施（图4-11）。

（2）可结合自然教育主题，设置植物认知园、草药园、植物迷宫等独具特色的主题园。

（3）宜结合场地条件设计森林课堂、大自然剧场、自然观察路径、手绘攀爬墙等多种形式的自然教育场所。

（4）有条件的场地可设计露营场地，并结合生物多样性的生境营造，开展夜观昆虫等活动。

图 4-11　利用苗圃改造的成都鹿耳花园。自然的林下空间、丰富的活动和恰当的运营使得即使在炎热的夏天也成为非常受孩子们喜欢的乐园（蔡耳发供图）

八、色彩之森场景营造策略

（一）场景营造目标

1. 彩林漫憩

通过常绿与落叶树种结合，或特色观花、观叶类树种种植，营造色彩丰富的彩林，并设置林下步道，供游客漫步观赏、登高远眺，感受不同维度的森林脉象。

2. 自然摄影

让季相变化多样的彩叶林成为风光摄影的采景地，可供游客摄影记录自然壮美、感受四季变换，也可作人物摄影、纪念日拍照的绝佳背景。

（二）规划建设指引

1. 季相主题空间

（1）应尊重森林自然演替规律，选择适合区域进行林相改造，凸显森林季相景观特色，优化宏观森林植被格局。

（2）可在彩叶植物形成的空间中赋予主题性功能，提高场地的观赏游憩性，为游人带来多样的场景感受和游玩体验。

（3）可根据主题加入户外展览空间，普及森林生态公众教育，唤醒民众环保意识。如：风景摄影展、彩叶标本展、特色花卉展等。

2. 游憩设施

（1）因地制宜设置观彩步道、眺望平台等，为游客带来通透而流畅的沉浸式体验。

（2）可结合所在区域旅游需求，适度植入消费业态与场景，满足游人需求，提升森林可留性。

第四节　特色森林游径场景营造策略

一、活力径场景营造策略

（一）场景营造目标（图4-12）

1. 标志性景观场景

以天府大道等城市景观大道为主，强化天府新区公园城市地域特色、人文精神、时代特征和艺术品位，塑造大气磅礴、生机盎然的森林网络。

2. 运动休闲场景

连接都市之森、运动之森、艺术之森、童梦之森等主题森林，串联多种运动场所，营造森林骑行、慢跑漫步、林下微型运动空间等场景。

图 4-12 活力径应用场景

（二）规划建设指引

1. 可设计不同主题系列的运动游径，包括徒步、骑行、慢跑等主题，宜根据主题定位设计不同长度及难度，以满足各类型运动需求，为骑行及步行旅程带来更具深度的体验。

2. 依托路侧绿带，游径宜从路侧绿带中穿过，同时可沿运动径设计具有延续性的绿色空间场地，将游径与自然连接，完善休闲功能，例如阳光草坪等弹性活动空间。

3. 考虑自行车租借、停放、维护服务，宜与机动车停车场、公交站结合布置，根据游径服务面积确定自行车放置数量。

二、家乐径场景营造策略

（一）场景营造目标（图 4-13）

1. 锻炼健身场景

在居住生活圈中，营造居民慢跑漫步、休闲健身、嬉戏活动和社区通勤通学的森林路径。家乐径应力求舒适、质朴、识别性强。

2. 社区交往场景

结合家庭及邻里交往需要，打造多种宜人的人际交往集散空间，提高社区幸福感。

图 4-13　家乐径应用场景

（二）规划建设指引

1.应突出开放性和亲民性，强调可进入性和可参与性，增强森林游径与居民日常生活空间的联系。例如可将游径与住宅区的出入口连接，增强游径与日常生活空间的联系。

2.可结合自然环境沿游径设置人际互动主题的草地、林地、湿地空间等，为聚会、野餐等活动提供场地及相应服务设施。

3.游径应充分考虑无障碍通道的融入，为城市中各年龄阶段的使用者提供便利。

4.可沿途布置合理数量的售卖点，同时鼓励社区居民举办跳蚤市场等消费活动来创造充满活力的社区游径场景，使空间焕发活力。

三、郊野径场景营造策略

（一）场景营造目标（图 4-14）

1.远足徒步场景

串联田园之森、色彩之森、负氧之森等绿色开放空间，供游人开展远足徒步、亲子骑行、野外露营、观鸟垂钓等活动，感受季节更替、时令变化。

2.自然探索场景

依托河流、湖泊、湿地、名山、原生森林等，营造生物多样性丰富，富有野趣的近自然森林游径，供人们进行长距离深入探索自然。

图 4-14　郊野径应用场景

（二）规划建设指引

1. 宜通过河流、道路等载体，营造森林游径，将田园之森、负氧之森等主题森林串联成网，形成高度连续的游览体验。

2. 应在场地内尽量使用本土植物资源，使植物随季节动态变化，成为本地动物的永久性栖息地或成为动物迁徙途中的暂时停留地。

3. 可在郊野径沿途设置各种平台、茶室、观景亭等，提供沿途休憩地。

4. 沿山体选择游径路线时，宜尽量使游径穿越景观优美的区域，顺应地形，展现自然原始的景观风貌，营造舒适的体验环境。

5. 应注重游憩服务设施的设计，例如过夜设施对于野外露营等活动会产生重大作用，宜在设计中选择自然材料，如木头、石头等，依据不同地形特点进行设计建造。

四、研学径场景营造策略

（一）场景营造目标（图 4-15）

1. 自然研学场景

串联水境之森等生物多样性之所，提供植物认知（树木、花卉）、动物亲近（鸟、兽、虫、鱼）、自然感知及体验（风声、花香、雾气、流水、细雨）的森林空间场所，营造儿童与自然共生的野趣环境。

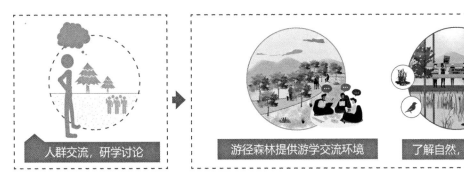

图 4-15 研学径应用场景

2. 互动体验场景

连接艺术之森、田园之森等主题森林，通过亲水游径体验城市艺术生活场景，在游览途中参与滨水休闲空间中有组织的或自然生发的各种活动。

（二）规划建设指引

1. 可打造智慧游径，体验科技、人文游径，如 GIS 服务系统、WIFI 系统、信息查询、推送游径特色及人文发展信息等。

2. 沿径的植物设计应突出展现丰富的本地植物资源和临水的景观特征，沿途可设置科普相关植物生态知识的设施，使游人在游览中探索自然。

3. 在临水的研学径旁可设置水生公园及圆形露天剧场，充分考虑场地原有地形及自然水文条件，为游客提供交流、学习、集散的空间。

4. 应适当融入解说系统（解说牌、解说器等）。

第五章

持续的森林系统：城市森林发展机制

第一节　可持续城市与城市森林发展机制

一、可持续是城市发展的必然要求

布伦特兰在报告《我们共同的未来》（*Our Common Future*）中提出可持续发展理论（Sustainable Development Theory），并将其定义为：可持续发展是一种发展模式，既满足当代人的需要，同时又不损及子孙后代的需求。一般认为它由三方面内容构成：环境要素、社会要素和经济要素。可持续发展和我国古语中"不寅吃卯粮"在本质上是相通的。当然，可持续发展更强调了"发展"作为最终目的，同时也同等份量地强调了一切发展都应该以"可持续"为前提。显然，牺牲环境来发展经济不是可持续发展。反之，以高昂且不可持续的经济代价来"建设"环境也非可持续之举。本质而言，可持续发展是环境、经济和社会的协调发展，即不能牺牲任意一个去无节制追求另外一个。

城市发展也必然遵循可持续发展的基本原则。随着人类社会对环境问题的认知逐渐深刻，认识到不顾环

境地对经济的极致追求可能反过来侵蚀经济社会的发展成果，因而从环境角度提出了田园城市、花园城市、森林城市、园林城市、生态园林城市、公园城市等发展理念。然而，可持续发展并不能简单地等同于单方面追求生态化或者环境保护。对于公园城市首提地天府新区而言，无论是从"公""园""城""市"四字所体现的字面含义，还是从"产业兴旺、绿色健康、美丽活力、人民至上"等目标分解来理解公园城市的内涵，都毫无疑问地指向了经济、环境、社会和人的全面协调与可持续发展目标。

二、城市森林可持续建设的内涵

城市森林营建也应遵循可持续发展原则。很多人可能将森林建设理解成简单的"种树"，但实际上，城市森林建设涉及面十分广泛。例如，营建森林的土地或空间从何而来？森林如何兼顾生态效益和城乡居民休闲游憩需求？森林如何实现景观性、地域性和功能性的融合？森林营建的资金从何而来？政府、企业、社区、居民和社会组织等不同利益主体在其中应扮演什么角色？如何设计合适的机制来保障森林建设、管理、运营的持续进行？

要实现森林建设的可持续发展，应从"营—建—管"全过程闭环导入可持续发展理念。"营"指森林建设前的系统性安排，包括城市森林发展战略统筹、森林空间布局研究、策划与规划等内容。"建"指传统意义上的森林建设工作，包括森林群落设计、森林营建技术和森林建设工程实施等。"管"不仅指狭义的森林养护与管理，还包括森林的经营管理和运营利用等。

第二节　森林银行政策体系探索

一、为何要探索森林银行机制？——用地与资金保障

城市森林营建面临的诸多挑战中，最核心的挑战在于两点：一、严格

的耕地保护和建设用地保障前提下，森林营建所需的用地空间从哪里来？二、政府财政投入不足情况下，森林营建管所需的资金从哪里来？为推进城市治理体系和治理能力现代化，实现城市森林营建管可持续发展，必须解决城市森林用地紧缺和森林营建管资金紧缺的难题，因此，探索建立森林银行用地、资金和参与者保障机制很有必要。

在《天府新区直管区森林生态建设发展规划》中，提出了通过建立"森林银行"机制（当然，名称是可以探讨的）来解决用地、资金和参与者保障问题的设想。2019年首届公园城市论坛，成都市委提出"坚持以新发展理念统揽城市工作，提出公园建设公益属性与商业价值两相兼顾，短期利益与长远发展综合平衡，优质生态与高端产业互促共进，示范引领与梯次建设远近协同，依法依规和创新发展先立后破"。中共成都市委《关于坚定贯彻成渝地区双城经济圈建设战略部署加快建设高质量发展增长极和动力源的决定》中再次明确指出："要以践行新发展理念为统揽，畅通各方参与的制度化渠道，全面提高生态容量，推进生态价值创造性转化"。要建成公园城市示范区，必须全面贯彻新发展理念，以绿色、生态为高质量发展和提升可持续竞争力的前提，以发展绿色低碳优势产业为重点，以实现减污降碳协同增效为目标，把握森林营建是提高生态容量、改善城市生态面貌、提高人居环境质量的关键，以构建森林营建管保障机制为抓手，引导和撬动更多社会资本进入，探索走出一条森林营建管的天府新路径。

为获得最佳森林生态效益，同时兼顾文化教育、景观游憩、经济生产等其他功能，就必须考虑建设完成后的经营管理问题。《全国森林经营规划（2016—2050年）》为森林建设后的管理提出一系列管理保障建议，如"建立森林经营规划制度""完善公共财政扶持政策""健全现代金融支持政策""深化森林资源管理改革""科学开展天然林保育经营"等。坚持探索森林银行机制是实现可持续森林营建管和创造性转化生态价值的保障，是促使绿水青山变成金山银山的关键。

在天府新区探索森林银行机制，具有较好的条件。天府新区作为公园城市理念首提地，不仅具有丰富的林草碳汇本底、富有地域特色的川西林盘、独特的公园城市绿地系统，同时正在打造"开发气候投融资试点"和"永兴实验室"，致力于建设"绿蓉融"绿色金融综合服务平台和碳中和领域一流科研平台、产业转化中心和人才培育高地，在生态资源、政策机制和金融支撑方面都奠定了坚实基础。

基于数字监管平台和"林长制"智慧管理平台，在集数据可视、管理协同、决策智能于一体的林业、园林资源信息化管理系统和最新、最准的林业全资源"一张图"构建的基础上，森林银行机制希望做到：

1.建立用地保障机制。在严格耕地保护、建设用地保障的情况下，通过机制创新，保障森林建设落地。

2.建立资金保障机制。改革政府大包大揽的模式，减轻政府财政支出负担，营造社会参与的氛围，激活民间资本，激发社会力量。

3.建立参与者保障机制。通过保障林农收益兜底利润，并为森林建设者提供当前利益，引导公众参与营造城市森林建设发展。

二、森林银行理念

森林银行构建的根本目标是促进新增森林，解决森林营建管中的可持续资金保障与用地问题。与部分地方探索的地票制度相比，其底层逻辑是构建以"林票"为交易信用的森林银行体系，将其与社会责任、商业激励挂钩，以引导公众参与森林建设，将闲置、粗放、零碎的各类用地转为森林空间，从而将森林生态产品由供给区转向需求区、由低价值区转向高价值区。同时在森林建成后通过抽查和定期检查的方式，对林票数额进行重新计算，引导参与者管护森林，最终形成生态、经济与社会效益的良性循环（图5-1）。

森林银行功能包括：提供林票交易场所、提供交易信息、森林用地保障、资产转换、土地集约利用引导、价格发现、森林后期管理、社会责任与商业激励量化等。

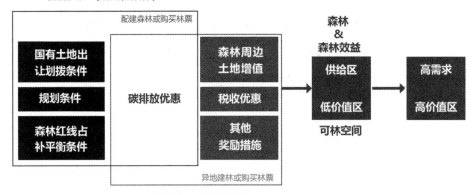

图 5-1 森林银行制度底层逻辑图

三、森林银行管理体系

（一）组织架构

森林银行由天府新区建设管理委员会统筹管理，受其监督，对其负责，由前期计划办公室、业务办公室、效益认证办公室组成，三大办公室相互独立、协调运作。提供从规划开始到营、建、管等各方面的帮助，保障森林银行平稳运行（图 5-2）。

前期计划办公室负责森林银行体制的顶层设计，统筹协调综合管理、业务指导等前期工作，并负责与政府相关主管部门协商每一块出让、划拨土地配建森林的要求与林票匹配激励措施的具体要求。

业务办公室负责准入审核、林业保险、林票匹配、林票拍卖、林票兑现、林票转让、退出审核等业务。

效益认证办公室负责对森林建设完成度计算、检验、认证并匹配林票数额，同时在建设完成后以抽查和定期检查的方式计算林票数额，并在林票交易前对林票数额最后一次核算。

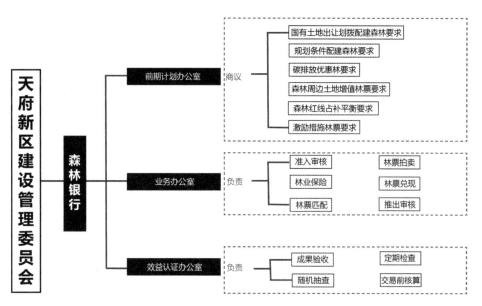

图 5-2　森林银行组织架构示意图

（二）森林银行参与主体

森林银行参与主体主要包括行政主管部门、森林建设主体、土地使用主体、林票持有者和林票消费者五类（图 5-3）。

1. 森林建设主体

参与森林建设的各类企业、单位与个人。包括：森林银行各部门、森林建设公司、土地开发公司、政府指导机构、企业、社会组织、农民和市民等。

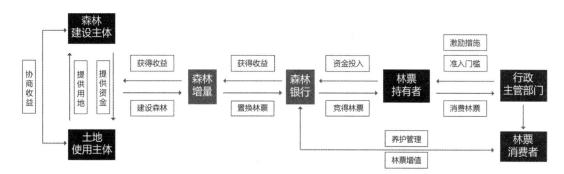

图 5-3　森林银行参与主体示意图

2.土地使用主体

森林建设用地的提供者，该类主体可自行建林，也可为森林建设主体提供土地，协商收益。包括：有附属绿地的企业、有附属绿地的政府机构、农村集体等。

3.行政主管部门

能提供规划条件挂钩指标、奖励措施的相关政府部门。包括：国土资源主管部门、林业主管部门、城乡规划主管部门、招商主管部门、生态环境主管部门等相关部门。

4.林票持有者

在森林银行兑换或拍得林票的主体，可选择使用林票或在森林银行中转让、转赠或消费。包括：农村集体、企业、个人、组织、政府等。

5.林票消费者

林票持有者消费林票后成为林票消费者，对森林有养护管理职责，同时获得森林发育带来的增值收益。

（三）交易信用

林票作为森林银行运行的核心，包含了管理价值与实物价值。管理价值即约束性条件及各类引导性激励措施，代表了公园城市的价值引导；实物价值即新增森林及其所附着土地的使用权与经营权，代表了森林银行的初始预期信用。

从制度角度看，林票是指标的票据化；从法律角度看，林票是一种授权性政策规定；从土地管理角度看，林票是一种城乡建设用地挂钩指标；林票权利的法律性质是债权。

四、森林银行运行程序

森林银行运行主要由相关行政主管部门和森林银行机构负责。完整的运行程序包括从森林用地获取到建林到林票配给及推出等十余个阶段（图5-4）。

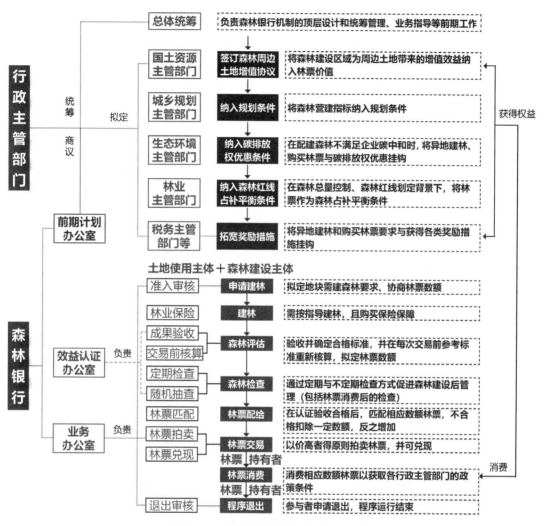

图 5-4　森林银行运行程序示意图

（一）签订森林周边土地增值协议

　　森林银行前期计划应由办公室与国土资源主管部门协商，将森林建设区域（如国有土地森林建设区域、林票供给区域）为周边土地带来的增值效益计入林票价值，使得建林者除享有原持有土地带来的土地增值外，同时享有森林建设区周边土地在出让前与建成后，因巨大的生态、社会效益所带来的土地增值。其收益可通过建林获得，也可通过购买林票获得。

（二）纳入规划条件

森林银行前期计划办公室与城乡规划主管部门协商，将森林营建指标纳入规划条件，包括：绿地森林化比率、面积及质量系数（异龄疏密、复层混交、乔灌比等综合指标）。经森林银行验收合格则可继续规划使用土地，不合格则要求整改，或按年缴纳罚金，直至达到要求。同样，参与者可自建森林、按比例认缴森林建设金，或选择购买林票消费林票的方式满足该条件。

（三）纳入碳排放权优惠政策

森林银行前期计划办公室与生态环境部门协商，将森林碳汇要求与企业碳排放权挂钩。要求参与者除满足森林配建要求外，将其碳排放量（温室气体排放量）匹配应建森林数量、质量要求。当配建森林不满足其碳中和要求时，参与者可认缴森林建设金至配建森林抚育到可满足碳中和要求，或通过异地自建森林、购买林票消费林票的方式满足所缺部分，自建或购买林票更为优惠。

计算公式可参考《成都市"碳惠天府"机制公众低碳场景评价规范（试行）》，或参考经北京市市场监督管理局批准正式发布的北京市地方标准《二氧化碳排放核算和报告要求 电力生产业》DB11/T 1781—2020、《二氧化碳排放核算和报告要求 水泥制造业》DB11/T 1782—2020、《二氧化碳排放核算和报告要求 石油化工生产业》DB11/T 1783—2020、《二氧化碳排放核算和报告要求 热力生产和供应业》DB11/T 1784—2020、《二氧化碳排放核算和报告要求 服务业》DB11/T 1785—2020、《二氧化碳排放核算和报告要求 道路运输业》DB11/T 1786—2020、《二氧化碳排放核算和报告要求 其他行业》DB11/T 1787—2020 7个行业二氧化碳核算指南标准。

（四）纳入森林红线占补平衡条件

森林银行前期计划办公室与林业主管部门协商，在《森林植被恢复费征收使用管理暂行办法》即将废止的情况下，划定森林红线保护方案（类似《四川省生态保护红线方案》），使侵占森林或林地的企业通过异地建林或购买林票的方式补偿对森林或林地的破坏。2024年，国务院颁布了《生态保护补偿条例》，明确生态保护补偿是指通过财政纵向补偿、地区间横向补偿、市场机制补偿等机制，对按照规定或者约定开展生态保护的单位和个人予以补偿的激励性制度安排。要求充分发挥市场机制作用，鼓励社会力量以及地方政府按照市场规则，通过购买生态产品和服务等方式开展生态保护补偿。鼓励、引导社会资金建立市场化运作的生态保护补偿基金，依法有序参与生态保护补偿。各地可在此基础上开展森林占补平衡机制设计与政策设计。

（五）拓宽激励措施

森林银行前期计划办公室与城乡规划主管部门、税务主管部门、招商局等部门协商，将新增森林或林票作为部分商业权益的置换条件，但未完成森林建设或林票所覆盖区域森林质量低下，则按要求整改或扣除部分林票。当全额完成森林建设时，可将林票兑换特许经营权、税收优惠权、森林的广告权与冠名权、低息贷款和林票增值收益。当超额完成森林建设时，可将林票兑换容积率奖励与开发权转让特权。其中经营权、广告权、冠名权可参考《全国林地保护利用规划纲要（2010—2020年）》中相关实施措施；低息贷款可与《成都公园城市龙泉山生态保护修复暨国家储备林项目》中天府新区部分相衔接。

参与者可通过异地自建森林或选择购买林票消费林票的方式满足该条件。已有存量森林的参与者可抚育森林获得林票增值，或购买林票置换奖励。激励措施以森林验收情况可分为几个等级（图5-5）。

（六）申请建林

各森林建设主体与土地使用主体协商林票收益分成与风险承担（若集体土地自建森林则全额获得林票收益、承担风险），向业务办公室提交建林申请材料，部门经现场勘察、内部评议后拟定该土地所需建森林的面积、品种等要求，并规定所建森林的异龄疏密、复层混交、乔灌比等质量系数的阈值，拟定林票数额。经多方协商后同意方可建林，若所建森林未达合格要求，按比例扣除相应林票数额，反之则按比例增加数额。

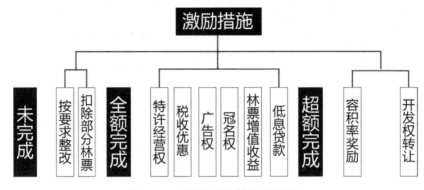

图 5-5　激励措施等级分类图

（七）建林

建林过程需按《天府新区直管区森林生态建设技术导则》和《天府新区直管区森林生态建设发展规划（2021—2035）》开展。同时通过保险机制购买相应保险。若退建还林则由森林建设主体自行或自费，由专业土地整理机构建设。农用地退建还林应按成都市退耕还林项目的程序进行，落实"一卡通"阳光审批系统退耕还林项目工作，保证退耕还林补助资金及时准确发放，即可建林。

（八）森林评估

森林建成后申请者须向效益认证办公室申请验收，通过后，制定其质量系数，此后每次检查都以此系数为基准计算匹配林票数额。

（九）森林检查

林票持有者在消费林票时必须保持在土地使用权期限内森林长势良好、持续抚育，由效益认证办公室抽查或定期检查，不合格则扣除相应林票数额，反之增加。

（十）林票配给

在效益认证办公室验收合格后，由业务办公室向申请者发放相应数额的林票，数额以申请建林时协商数量为基准，围绕实际建成情况上下波动。

（十一）林票交易

各主体参与拍卖业务，以价高者得原则将林票转让给其他市场主体。

（十二）林票消费

林票持有者可将林票消费于以下用途：

1. 森林周边土地增值协议：消费林票，向国土资源主管部门提出申请，获得某段时间内森林周边土地增值收益。

2. 规划条件挂钩指标：消费林票，向城乡规划主管部门提出申请，减免森林配建比例。

3. 碳排放权优惠：消费林票，向环境主管部门提出申请，要求给予更多碳排放量。

4. 森林红线占补平衡指标：消费林票，向林业主管部门提出申请，补偿因建设所破坏的森林或林地。

5. 激励措施：消费林票与城乡规划主管部门、招商局等部门置换容积率奖励、特许经营权等奖励。如税收优惠奖励：消费林票，向税务主管部门提出申请，减免税收要求。

注：林票在 1、3、4、5 中消费只限于某块土地，但可累加计算。

（十三）退出

各参与主体可通过业务办公室申请退出、效益认证办公室申请监测评估，最后注销折现，至此森林银行运行程序结束。

五、林票计价

（一）林票数额

林票数额、价值与价格关系可由森林营建需求和林票配给设定共同决定（图 5-6）。由行政主管部门确定约束性指标与激励性指标所需配建森林数量与质量要求，规定以上要求对应的林票需求数额，即林票需求数额＝需配建森林数量×质量系数。

由森林银行确定所建森林的林票供给数额，以申请建林时所拟定的林

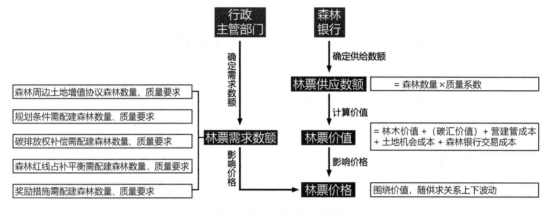

图 5-6　林票数额、价值、价格关系图

票数额为基础，根据实际情况确定林票供给数额，即林票供给数额＝已建森林数量×质量系数。

（二）林票价值核算

林票价值由林木价值、营建管成本、土地机会成本与森林银行交易成本构成，若森林营建申请项目已纳入天府新区气候投融资试点项目库，林票价值还应加入碳汇价值。林票价值通过数学模型综合计算，代表不同数额林票与森林数量、质量系数兑换关系。

1.林木价值指森林作为苗木、建材的经济性价值，形成林票初始信用。

2.碳汇价值为林票环境成本价值，与天府新区气候投融资试点工作和天府永兴实验室衔接，提供碳汇交易量。

3.土地机会成本指利用土地建林时所放弃生产其他商品的价值，计算公式：

$$A = S \times \sum_{i}^{T}(PA \times y - Ca) \times (1+r)^{-i}$$

式中：PA 为农产品价格、y 为每年农田产量、Ca 为农田播种机管理成本、S 为农田面积、r 为利率、i 为农作物的收获周期

4.森林营建管成本形成林票价值交易前提，包括：营造成本（林政管

理、科研、气象等费用）、建林成本（整地、挖沟、苗木等费用）、管护
成本（抚育、肥料、修枝等费用）。

5.森林银行交易成本形成森林银行机构运转资金来源，包括：前期执
行成本（机制设计文件成本、网点成本等）、执行成本（初次、中期监测
成本等）、交易成本以及其他成本。

（三）林票价格

林票价格即每一数额林票与人民币的兑换关系。其价格受市场供求影
响，围绕价值上下浮动。但政府需划定林票每日最高交易价、最低收购
价，以维持林票价格在可控范围内。

（四）交易前林票价值再评估

由于森林质量是动态变化的，其价值也会随之浮动，所以林票在每次
交易前，由森林银行监测计量部门重新计价评估，以保证林票价值精确、
数额正确等。

六、森林银行服务支持体系

（一）科技创新支撑体系

构建森林银行人才队伍，发展科技创新项目、平台，建立强大坚实的
科技创新支撑体系。一是强化人才引进，招引咨询专家、高级研究人员、
管理人员等森林银行全体系人才，在林票设计、运营管理等方面提供深厚
基础和不竭力量。二是加强项目创新，协同天府新区直管区进行森林生态
规划，组织多元团体、多种类型的城市森林营建申报项目，激发城市森林
营建管社会生机与活力。

（二）金融发展支撑体系

拓展森林银行企业项目库，探索城市森林生态价值转化，构建适地有
效的金融发展支撑体系。一是拓展天府新区直管区森林营建项目库，整合
气候投融资企业和项目库，有序开发龙泉山城市森林公园、锦江公园、天
府绿道、川西林盘等碳汇示范工程，拓展多样化小微城市森林建设项目，

全面推进城市森林可持续营建管。二是探索森林生态价值转化途径与模式，基于天府永兴实验室碳中和科技创新转化成果，结合林木价值、碳汇价值与多项成本的林票为生态价值转化载体，逐步完善林票运转机制，以期拓展森林银行期货、债券等金融业务。

七、森林银行运行中的若干问题

（一）森林银行资金周转和盈利支配问题

由森林银行运转机制可知，森林银行通过配件要求等激励林票消费者建林、通过森林检查和评估确保森林管护质量来保障森林的可持续营建管，不同于直接将收益投入到森林营建和管理中的模式。森林银行机制的盈利源于林票消费手续费用和森林评估不合格者的罚款／补足金，将其全部用于维持森林银行机构的运转。

（二）农民与农用地权益问题

即农用地退建还林后农民的生存保障问题。农用地作为规划范围内可森林化空间最多的区域，且伴随农村集体建设用地、宅基地利用低效与粗放等现象，如何在"坚持土地公有制性质不改变、耕地红线不突破、农民利益不受损"三条底线的同时建设森林，最终激活政府投入农村的基础设施沉默资产，自农村开启经济内循环以应对疫情造成的经济下行危机，是机制运行重点。

解决措施：1.严格规范农用地退建还林申请条件；2.法律保护以强调农民对土地的永久使用权；3.要求每5年续签土地发展权转移协议；4.要求企业必须将森林建设与农民就业衔接作为林票获取的重要条件；5.加强农民林下经济就业和职业技能培训；6.建立配套制度激励农民自主创业。

（三）森林银行运行的范围空间条件

由于天府新区直管区体量较小，森林所产生的碳汇量、林票交易量、流动资金较少，导致森林银行机制体系难以维持运转。

解决措施：可探索成熟的森林银行机制推广到更大范围，如成都市乃至四川省域范围。

（四）森林银行运行流程复杂、运营成本耗费大

森林银行主体机构可能会因体系庞大、业务繁杂、技术复杂、操作复杂导致机构运行成本高昂，不得不由政府出资维持其运转，或将费用转移至林票价格上，导致企业拿地成本上升，参与积极性减弱。

解决措施：可探索缩减森林银行机构规模，或将技术复杂的业务外包以减少运行成本。

（五）林票供需失衡

在森林银行前期，由于天府新区建设用地指标需求大、林票需求者多，但新增森林量较少，林票供不应求，导致其价格过高；后期，城市开发接近尾声，林票需求者少，林票供大于求，导致其价格过低。

解决措施：可探索林票每日交易控制量，以解决林票供需失衡问题。

八、森林银行的未来可能

（一）构建山水林田湖草综合权属的生态票

以生态资源综合计价为导向，探索山水林田湖草综合权属的生态票。深化森林的质量系数要求、新增森林效益指标（社会、生态、经济效益等），最后加入森林周边的山水林田湖草生命共同体综合权属，将单一的林地拓展为草地、水域、耕地等，将更多资源和资本引入自然生态保护和修复中，以形成综合、完善的生态价值体系，将森林银行制度转入统筹城乡发展、推动生态修复、促进生态产品供给等生态、经济和社会综合效益导向。

（二）结合碳核算和碳金融拓展森林银行业务

逐步开放森林银行金融业务以达到生态资本深化目标，解决森林建设项目存量森林质量下降、筹资难、风险大、方式少等问题。当前由于局限在计价方式、测量技术等问题，森林银行业务难以拓展，应充分发挥天府永兴实验室的科技服务平台作用，从碳计算、碳智慧、碳科技等方面服务森林银行建设，结合气候投融资试点政策体制、平台建设和项目孵化，形

成三者之间的有机结合。进而可逐步探索森林银行金融业务，如期货业务，将森林效益以及森林权属作为大宗商品定期交割，通过森林银行交易；债券业务，企业可通过森林银行发行林票债券、筹集林票，同时定期以林票支付利息。

第三节　城市森林管理保障机制

除用地与资金这两个核心问题外，森林可持续发展框架还应着重注意以下方面的机制设计。主要包括四个方面：1.组织保障机制：管理主体问题；2.管理保障机制：制度性管理保障；3.技术保障机制：地域性与行业性技术规程；4.运营保障机制：森林的活化利用模式等。

一、组织保障机制

建立以各级政府主要负责人为林长的责任制，并由各级林业和草原主管部门承担林长制组织实施的具体工作。林长责任范围按森林资源特点和自然生态系统完整性予以科学确定。各级林长组织领导责任区域森林资源保护发展工作，落实保护发展森林资源目标责任制，将森林覆盖率、森林蓄积量、森林固碳增汇水平等作为重要指标，因地制宜确定目标任务；组织制定森林资源保护发展规划计划，强化统筹治理，推动制度建设，完善责任机制；组织协调解决责任区域的重点难点问题，依法全面保护森林草原资源，推动生态保护修复，组织落实森林防灭火、重大有害生物防治责任和措施，强化森林行业行政执法。

二、管理保障机制

通常，很大一部分城市森林都是次生林或新建设的人工林，其质量与建设水平、建成时间、所在生境条件等都有很大关系。如何促进森林质量快速提升？如何有计划、针对性地进行保护、修复和新建？哪些森林需要保护？哪些森林需要抚育改培？不同类型的森林空间怎么管理？应充分运用卫星遥感、无人机巡查、气象站监测等现代技术建立森林空间与用地资源高精度矢量数据库，加强森林资源实时动态监测，明确森林建设提升的不同类型及区域范围，划定森林保护线、森林修复线、森林新增线及森林管理清单（简称"三线一单"），让森林生态建设发展从管理机制上得到持续保障。

三、技术保障机制

如何营建高质量的森林生态系统？本研究从规划、建设、工程与管理出发制定了详细技术导则，其核心部分已在第三章"健康的森林系统：城市森林群落建设"中体现，在此从略。

四、运营保障机制

城市森林作为重要的城市绿色基础设施，除了具有传统的用材、经果林等价值外，林下空间利用与经营是其重要的价值体现。首先，从运营角度，可以结合主题森林制定"以林养林"战略，包括林菌模式、林禽模式、林圃模式、林畜模式、林药模式以及林游模式等。其次，可以从管护角度制定相应责任机制。共同责任管护机制：建立森林保护责任考核的动态监测和预警制度以落实政府部门保护林地的共同责任，形成政府主导、多部门联动的土地执法监管长效机制。联村管护机制：为避免各自为政，森林周围各管护责任主体单位可成立管护领导小组，对各村选聘的护林员实行排班制，开展日常巡逻，共同管护责任森林。乡村林场管护机制：对于分布分散、面积小的乡村森林，由村集体选派护林人员统一管护。责权结合管护机制：将商品林承包经营与生态林管护责任相捆绑，把全村分成若干个承包小组。形成村和农户双层管护，将管护义务普及到每个农户，增强护林集体力量。

第四节　城市森林应用场景展望

未来的城市森林管理与应用，离不开创新与智能，具有全过程智慧化的无限可能。在森林营建、监测、管理与游憩利用中，科技与自然和谐共存，智能化应用将具有很大想象空间，如由太阳能转化储备的能量补给站、个人参与森林营建利用的减碳增汇互动估测系统、人脸识别智能森林设施利用系统、智慧步道与健身设施、智慧场馆等。

一、智慧游憩系统

城市森林作为城市中最重要的绿色基础设施之一，其本身就是重要的休闲与审美对象。城市森林与居住社区、公共设施、文化设施及草坪、广场等开放空间结合，可成为功能广泛、形式多样的休闲游憩目的地，提供丰富的文化娱乐活动。随着移动互联网的普及，依托人工智能、大数据、物联网等现代信息技术，打造集时间、空间、层次为一体的森林场景体验平台，使得建立起城市森林智慧游憩系统成为可能。

一方面，可以通过建设城市公园（森林）系统官方网站，并运营管理官方微博、小红书、微信公众号等多种新型媒体形式，将天府新区的绿地资源与活动信息全面、及时地呈现给用户。例如，各个公园的开花观景时间、活动开展时间、户外活动场地与场馆信息等，并可建设和开放导览和预约系统。另一方面，也可借助多方网络平台，可以便捷地向民众推送观景与活动展会信息。不仅可以建立城市绿地的整体形象，还可增加公园的服务效率与活力，为人们带来多维度的游憩体验。

类似的游憩信息平台建设已有诸多先例。如日本气象局等官方部门会在每年预测并发布"樱花盛开时间预测"，将日本各个地区的樱花盛开时间预测公布在网络上，并开发了"樱花最前线"（Sakura Navi）手机应用，将1000多个日本樱花赏景点呈现在手机地图上，便于用户搜索附近的观

日本 2024 年樱花探访信息表

城市	预测开花日期	开花偏差（天）	预计盛开日期	盛开偏差（天）	平均年份的开花日期
札幌	4/25	−6	4/28	−8	5/1
青森	4/15	−7	4/18	−8	4/22
仙台	4/2	−6	4/9	−4	4/8
东京	3/29	5	4/4	4	3/24
金泽	4/1	−2	4/8	0	4/3
长野	4/8	−3	4/11	−5	4/11
名古屋	3/28	4	4/7	5	3/24
京都	3/29	3	4/5	1	3/26
大阪	3/30	3	4/6	2	3/27
和歌山	3/30	6	4/3	0	3/24
广岛	3/25	0	4/5	2	3/25
高知	3/23	1	3/31	1	3/22
福冈	3/27	5	4/2	2	3/22
鹿儿岛	3/29	3	4/12	7	3/26

图 5-7 智慧游憩系统实例

左图：日本樱花探访信息系统 右图：深圳城市公园游憩系统（"深 i 公园"小程序）

赏点及开花时间。深圳将市区内的各个公园、体育场馆、书吧、帐篷区、共建花园等信息集成在"深 i 公园"微信小程序上，用户可以便捷地搜索身边的游憩地点、开放时间及停车区，并浏览最新的活动信息（图 5-7）。

二、智慧监测系统

首先，对城市绿地（森林）的持续性实时动态监测可以及时发现森林侵占、森林火险及森林病虫害等问题，从而为精细化管理和科学研究提供宝贵的数据。借助卫星遥感、大疆自动化无人机平台等，可在较低人力成本的情况下实现对一定区域森林绿地的自动化长时间监测。同时，根据不同的需要，用无人机搭载所需的多光谱、高光谱或热红外等传感器，或者设置气象站等可以了解植被的生长情况、绿地边界变化情况、局部气象变化等；也可以在关键区域布设红外线相机等，监测森林野生动物生长状态。此外，还可借助和接入某些专业 App 或者小程序等，通过市民拍照上传等手段，提取入侵物种、候鸟迁飞等信息。

然后，通过建设统一的城市绿地（森林）智慧监测平台，将上述数据信息进行集成和二次分析，还可以发现潜在的病虫害区域、入侵植物，辅助野生动植物保育等，从而制定相应管理措施，为林业管理、科学研究提供帮助。

三、智慧管理系统

在城市绿地规划与建设过程中，信息与数据的高效规范管理也十分重要。智慧管理系统将城市森林进行智能化管控，从而实现城市森林精准化管理。我们可依托人工智能、大数据、物联网等现代信息技术，拓宽智慧森林的管理思路，建立森林空间动态增减矢量化数据库、森林营建项目库、森林积分管理系统、森林管理养护准则、森林营建技术可视化支持系统等，将大大提升公园城市森林管理的效率。

特别是，应将城市森林及各类绿地的边界、规划的项目点位与范围录入地理信息系统，集成一个统一的矢量化数据库，推动森林建设与管理数字化、信息化。并将森林用地与空间数据纳入国土空间土地利用底数，助力规划建设管理一张图。同时可以结合"森林银行"及省乃至国家等更大范围的双碳机制，建设"林票"或森林碳积分管理系统，将企业、社会组织或个人参与碳中和行动的行政补贴与奖励量化为"林票"或森林碳积分，促进碳达峰、碳中和行动的有序规范开展。

结　语

　　城市，作为人类文明的承载地与聚集地，在数千年来经历兴衰废立，发展至今已成为全球人类的最大聚居场所。小至数千人的小集镇，大至数千万人的超级大都市乃至上亿人口的城市连绵区，无论城市规模大小，环境都是人类生存发展的根本性基础。不幸的是，在进入工业社会后，从空气污染到物种灭绝，从洪涝灾害到全球变暖，各种城市环境问题频频在每个人身边出现，并日益演变为不得不令人担忧的全球性问题。

　　幸运的是，近百年来，人们已充分意识到这些问题带来的后果并付诸行动。从英国霍华德"田园城市"、法国柯布西耶"光辉城市"、芬兰沙里宁"有机疏散"理论以及新加坡花园城市理念，到我国山水城市、园林城市、森林城市、生态园林城市，许多美好的环境理念，都在思考着如何使城市更好地与自然共处，并开展了大量实践探索。2017 年，"公园城市"理念在天府之国成都天府新区提出，更是激发了官方、学界以及民间的大量探讨，给大家无限的美好憧憬。天府之国的公园城市，应该是一种什么状态呢？我想，无疑她应该首先是绿意盎然的——拥有着健康的自然底色。森林，这一为人类提供着不可替代的生态服务、休闲游憩与美学价值的最重要陆生生态系统，毫无疑问应该在天府之国发挥巨大的作用。

　　非常有幸的是，笔者作为项目负责人与西南大学、岭南生态文旅股份有限公司、天府新区城市规划设计研究院以及主管部门四川天府新区生态环境与城市管理局的同仁们一道，共同开展了《天府新区直管区森林生态建设发展规划》（2021—2035）编制工作。同时也在十余年来作为项目负责人或技术顾问，亲身参与了在四川、重庆、云南、贵州等地数十个规划设计项目实践工作，这些项目涵盖了城市、城市片区、流域及绿地单体尺度，包括绿地系统规划、流域景观规划、生态保护、旅游策划、公园体系规划、公园设计、绿道及城市道路景观设计等。此外，指导研究生持续开展自然保护地与城市绿色基础设施方面的研究，特别是城乡范围内跨尺度人地关系及其空间治理等方面的探索。

因上述工作的机会，使得笔者得以持续思考城市绿色基础设施营建的系统方法——不仅是某个项目、某个技术、某个阶段、某个尺度的问题，而是城乡绿色基础设施作为有机的生命体，超越某个具体的工程建设及其所属阶段本身，在全生命周期中应该如何被我们认知和恰当处理的问题。特别是天府新区森林规划，直接促成了我将这些思考记录下来，并在该规划实践中予以深入探索和具体运用。由于学识所限，肯定还有诸多不足之处，请大家批评指正。

参考文献

[1] Andrade G I, Remolina F, Wiesner D. Assembling the pieces: a framework for the integration of multi-functional ecological main structure in the emerging urban region of Bogotá, Colombia[J]. Urban ecosystems, 2013, 16(4): 723-739.

[2] Arendt R. Linked landscapes: Creating greenway corridors through conservation subdivision design strategies in the northeastern and central United States[J]. Landscape and urban planning, 2004, 68(2-3): 241-269.

[3] Avissar R. Potential effects of vegetation on the urban thermal environment[J]. Atmospheric environment, 1996, 30(3): 437-448.

[4] Baranyi G, Saura S, Podani J, et al. Contribution of habitat patches to network connectivity: Redundancy and uniqueness of topological indices[J]. Ecological Indicators, 2011, 11(5): 1301-1310.

[5] Baumeister C F, Gerstenberg T, Plieninger T, et al. Exploring cultural ecosystem service hotspots: Linking multiple urban forest features with public participation mapping data[J]. Urban Forestry & Urban Greening, 2020, 48: 126561.

[6] Principles of ecological landscape design[J]. Choice Reviews Online, 2013, 50(10): 50-5576.

[7] Calderón-Contreras R ,Quiroz-Rosas E L . Analysing scale, quality and diversity of green infrastructure and the provision of Urban Ecosystem Services: A case from Mexico City[J]. Ecosystem Services, 2017, 23: 127-137.

[8] Chatzimentor A, Apostolopoulou E, Mazaris D A. A review of green infrastructure research in Europe: Challenges and opportunities[J]. Landscape and Urban Planning, 2020, 198: 103775.

[9] Chi Y, Xie Z, Wang J. Establishing archipelagic landscape ecological network with full

connectivity at dual spatial scales[J]. Ecological Modelling, 2019, 399: 54-65.

[10] Comber A, Brunsdon C, Green E. Using a GIS-based network analysis to determine urban greenspace accessibility for different ethnic and religious groups[J]. Landscape and urban planning, 2008, 86(1): 103-114.

[11] Conine A, Xiang W, Young J, et al. Planning for multi-purpose greenways in Concord, North Carolina[J]. Landscape and Urban Planning, 2004, 68(2-3): 271-287.

[12] Costanza R, d'Arge R, De Groot R, et al. The value of the world's ecosystem services and natural capital[J]. Nature, 1997, 387(6630): 253-260.

[13] Robert C, Rudolf G D, Paul S, et al. Changes in the global value of ecosystem services[J]. Global Environmental Change, 2014, 26: 152-158.

[14] Dai L, Liu Y, Luo X. Integrating the MCR and DOI models to construct an ecological security network for the urban agglomeration around Poyang Lake, China[J]. Science of the Total Environment, 2021, 754: 141868.

[15] Ernstson H, Barthel S, Andersson E, et al. Scale-Crossing Brokers and Network Governance of Urban Ecosystem Services: The Case of Stockholm[J]. Ecology and Society, 2010, 15(4): 28.

[16] Fischer P A. Forest landscapes as social-ecological systems and implications for management[J]. Landscape and Urban Planning, 2018, 177: 138-147.

[17] Finegan B. Forest succession[J]. Nature, 1984, 312(5990): 109-114.

[18] Forman, Richard TT. Foundations: Land Mosaics: The ecology of landscapes and regions (1995). Island Press/Center for Resource Economics, 2014.

[19] Gavrilidis A A, Niță R M, Onose A D, et al. Methodological framework for urban sprawl control through sustainable planning of urban green infrastructure[J]. Ecological Indicators, 2017, 96: 67-78.

[20] Gordon A, Simondson D, White M, et al. Integrating conservation planning and landuse planning in urban landscapes[J]. Landscape and urban planning, 2009, 91(4): 183-194.

[21] Peter S H, Dennis H, E. H, et al. To-Morrow: A Peaceful Path to Real Reform[M]. Tayl or and Francis: 2006.

[22] Chunguang H, Ziyi W, Yu W, et al. Combining MSPA-MCR Model to Evaluate the

Ecological Network in Wuhan, China[J]. Land, 2022, 11(2): 213.

[23] Jellicoe, Geoffrey, and Susan Jellicoe. The landscape of man: shaping the environment from prehistory to the present day[M]. New York: Thames and Hudson, 1987.

[24] Daeyoung J, Min K, Kihwan S, et al.Planning a Green Infrastructure Network to Integrate Potential Evacuation Routes and the Urban Green Space in a Coastal City: The Case Study of Haeundae District, Busan, South Korea.[J]. The Science of the total environment.

[25] N L, H L, U R, et al. Landscape continuity analysis: a new approach to conservation planning in Israel.[J]. Landscape and Urban Planning, 2007, 79(1): 53-64.

[26] Li F, Guo S, Li D, et al. A multi-criteria spatial approach for mapping urban ecosystem services demand[J]. Ecological Indicators, 2020, 112: 106119.

[27] Li Z, Fan Z, Shen S. Urban Green Space Suitability Evaluation Based on the AHP-CV Combined Weight Method: A Case Study of Fuping County, China[J]. Sustainability, 2018, 10(8): 2656.

[28] Yi O L, Alessio R. Assessing the contribution of urban green spaces in green infrastructure strategy planning for urban ecosystem conditions and services[J]. Sustainable Cities and Society, 2021, 68.

[29] Matsler A M, Meerow S, Mell I C, et al. A 'green' chameleon: Exploring the many disciplinary definitions, goals, and forms of "green infrastructure" [J]. Landscape and Urban Planning, 2021, 214: 104145.

[30] Mumford L. The city in history: Its origins, its transformations, and its prospects[M]. Houghton Mifflin Harcourt, 1961.

[31] Keeble B R. The Brundtland report: 'Our common future' [J]. Medicine and war, 1988, 4(1): 17-25.

[32] Eun J K .Green network analysis in coastal cities using least-cost path analysis: a study of Jakarta, Indonesia[J]. Journal of Ecology and Environment, 2012, 35(2): 141-147.

[33] Kong F, Yin H, Nakagoshi N, et al. Urban green space network development for biodiversity conservation: Identification based on graph theory and gravity

modeling[J]. Landscape and urban planning, 2009, 95(1-2): 16-27.

[34] Grossman L M. Satoyama: The traditional rural landscape of Japan[J]. Landscape and Urban Planning, 2003, 68(1): 139-141.

[35] Naveh Z, Lieberman A S. Landscape ecology: theory and application.[M]. 1994.

[36] O'Brien L, Vreese D R, Kern M, et al. Cultural ecosystem benefits of urban and periurban green infrastructure across different European countries[J]. Urban Forestry & Urban Greening, 2017, 24: 236-248.

[37] Odum E P. The Strategy of Ecosystem Development: An understanding of ecological succession provides a basis for resolving man's conflict with nature[J]. Science, 1969, 164(3877): 262-270.

[38] Odum E P, Barrett G W. Fundamentals of ecology[M]. Philadelphia: Saunders, 1971.

[39] Oh K, Jeong S. Assessing the spatial distribution of urban parks using GIS[J]. Landscape and Urban Planning, 2007, 82(1-2): 25-32.

[40] Peng J, Tian L, Liu Y, et al. Ecosystem services response to urbanization in metropolitan areas: Thresholds identification[J]. Science of the Total Environment, 2017, 607-608: 706-714.

[41] Pickett S T A, Kolasa J, Jones C G. Ecological understanding: the nature of theory and the theory of nature[M]. Elsevier, 2010.

[42] Ricaurte L F, Olaya-Rodríguez M H, Cepeda-Valencia J, et al. Future impacts of drivers of change on wetland ecosystem services in Colombia[J]. Global Environmental Change, 2017, 44: 158-169.

[43] Robinson N. The planting design handbook.[J]. Arboricultural Journal, 2011, 35(1): 59-60.

[44] Piedad L R, M. J T, Fabiana C, et al. Ecosystem services in urban ecological infrastructure of Latin America and the Caribbean: How do they contribute to urban planning?[J]. Science of The Total Environment, 2020, 728: 138780.

[45] Rosenzweig M L. Win-win ecology: how the earth's species can survive in the midst of human enterprise[M]. Oxford University Press, 2003.

[46] Sharma D, Holmes I, Vergara-Asenjo G, et al. A comparison of influences on the landscape of two social-ecological systems[J]. Land Use Policy, 2016, 57:

499-513.

[47] Simard, Suzanne. Finding the mother tree: Uncovering the wisdom and intelligence of the forest[M]. Penguin UK, 2021.

[48] Tao Q, Gao G, Xi H, et al. An integrated evaluation framework for multiscale ecological protection and restoration based on multi-scenario trade-offs of ecosystem services: Case study of Nanjing City, China[J]. Ecological Indicators, 2022, 140: 108962.

[49] Thompson W C. Urban open space in the 21st century[J]. Landscape and Urban Planning, 2002, 60(2): 59-72.

[50] Threlfall G C, Williams S N, Hahs K A, et al. Approaches to urban vegetation management and the impacts on urban bird and bat assemblages[J]. Landscape and Urban Planning, 2016, 15328-39.

[51] Théau J, Bernier A, Fournier R A. An evaluation framework based on sustainability-related indicators for the comparison of conceptual approaches for ecological networks[J]. Ecological Indicators, 2015, 52: 444-457.

[52] Turner T. Greenway planning in Britain: recent work and future plans[J]. Landscape and Urban Planning, 2004, 76(1): 240-251.

[53] Tyrväinen L, Ojala A, Korpela K, et al. The influence of urban green environments on stress relief measures: A field experiment[J]. Journal of environmental psychology, 2014, 38: 1-9.

[54] Van der Maarel E, Franklin J. Vegetation ecology: historical notes and outline[J]. Vegetation ecology, 2013: 1-27.

[55] Verdú-Vázquez A, Fernández-Pablos E, Lozano-Diez R V, et al. Green space networks as natural infrastructures in PERI-URBAN areas[J]. Urban Ecosystems, 2021, 24: 187-204.

[56] Walker B, Salt D. Resilience thinking: sustaining ecosystems and people in a changing world[M]. Island press, 2012.

[57] Wang S, Wu M, Hu M, et al. Promoting landscape connectivity of highly urbanized area: An ecological network approach[J]. Ecological Indicators, 2021, 125: 107487.

[58] Weber T, Sloan A, Wolf J. Maryland's Green Infrastructure Assessment: Development of a comprehensive approach to land conservation[J]. Landscape and Urban Planning, 2005, 77(1): 94-110.

[59] Xiu N, Ignatieva M, Bosch D V K C, et al. A socio-ecological perspective of urban green networks: the Stockholm case[J]. Urban Ecosystems, 2017, 20(4): 729-742.

[60] Zhang S, Zhou W. Recreational visits to urban parks and factors affecting park visits: Evidence from geotagged social media data[J]. Landscape and Urban P lanning, 2018, 180: 27-35.

[61] Zhang Z, Meerow S, Newell J P, et al. Enhancing landscape connectivity through multifunctional green infrastructure corridor modeling and design[J]. Urban forestry & urban Greening, 2019, 38: 305-317.

[62] Zhu W, He X, Chen W, et al. Quantitative analysis of urban forest structure: a case study on Shenyang arboretum[J]. Ying Yong Sheng tai xue bao= The Journal of Applied Ecology, 2003, 14(12): 2090-2094.

[63] Zwierzchowska I, Hof A, Iojă I C, et al. Multi-scale assessment of cultural ecosystem services of parks in Central European cities[J]. Urban Forestry & Urban Greening, 2018, 30: 84-97.

[64] 艾伯特·H. 古德. 国家公园设施系统与风景设计 [M]. 吴承照，姚雪艳，严诣青，译. 北京：中国建筑工业出版社，2018.

[65] 彼得·霍尔，科林·沃德. 社会城市——埃比尼泽·霍华德的遗产 [M]. 黄怡，译. 北京：中国建筑工业出版社，2009.

[66] 北京林业大学，LY/T 2988—2018，森林生态系统碳储量计量指南 [S]. 国家林业和草原局.

[67] 陈丽萍. 林票新模式下股份合作林经营及其会计核算 [J]. 绿色财会，2020，（01）：39-40.

[68] 成玉宁. 现代景观设计理论与方法 [M]. 南京：东南大学出版社，2010.

[69] 陈秀妍，南希·阿伯托. 健康的森林对人类健康和可持续发展至关重要 [EB/OL]. [2023-06-30]. https://www.un.org/zh/208465.

[70] 崔晋. 浅析成都践行公园城市理念下的商业场景营造 [J]. 四川建筑，2023，43（05）：56-57，60.

[71] 董哲仁，等. 河流生态修复 [M]. 北京：中国水利水电出版社，2013.

[72] 邓白璐. 公园城市理念下绿色基础设施跨尺度网络构建研究——以四川天府新区成都直管区为例 [D]. 西南大学，2023.

[73] 杜文武，卿腊梅，吴宇航，等. 公园城市理念下森林生态系统服务功能提升 [J]. 风景园林，2020，27（10）：43-50.

[74] 费世民，徐嘉，孟长来，等. 城市森林廊道建设理论与实践 [M]. 北京：中国林业出版社，2017.

[75] 弗雷德里克·斯坦纳. 生命的景观 [M]. 周年兴，李小凌，俞孔坚，等，译. 北京：中国建筑工业出版社，2004.

[76] 宫晓琴. 陕西省森林富集区碳汇核算及扶贫补偿机制研究 [D]. 西北农林科技大学，2017.

[77] 郭欢欢，郑财贵，牛德利，等. 地票制度研究综述 [J]. 国土资源科技管理，2013，30（05）：126-130.

[78] 环境保护部自然生态保护司. 土壤修复技术方法与应用 [M]. 北京：中国环境科学出版社，2011.

[79] 黄颖，温铁军，范水生，等. 规模经济，多重激励与生态产品价值实现——福建省南平市"森林生态银行"经验总结 [J]. 林业经济问题，2020，40（05）：499-509.

[80] 黄忠. 浅议"地票"风险 [J]. 中国土地，2009（09）：36-39.

[81] 宦凌云，陈明坤，张清彦，等. 场景营城理念下城市街区公园场景的美学营造方法研究——以成都市望江楼街区为例 [J]. 中国园林，2022，38（S2）：47-52.

[82] 顾汉龙. 我国城乡建设用地增减挂钩政策的演化机理，创新模式及其实施效果评价研究 [D]. 南京农业大学，2015.

[83] 加里·本特鲁普. 保护缓冲带：缓冲带、廊道和绿色通道设计指南 [R]. 王勇，王乃江，译. 林肯市：美国农业部林务局. 2008.

[84] 国家林业局. 全国森林经营规划（2016—2050 年），2016，07.

[85] 简·雅各布斯. 美国大城市的死与生 [M]. 金衡山，译. 上海：译林出版社，2005.

[86] 凯文·林奇. 城市意向 [M]. 方益萍，何晓军，译. 北京：华夏出版社，2001.

[87] 马克·A.贝内迪克特，爱德华·T.麦克马洪. 绿色基础设施——连接景观与社区 [M]. 黄丽玲，朱强，杜秀文，刘琴博，等，译. 北京：中国建筑工业出版社，2010.

[88] 乔治·F.汤普森，弗雷德里克·R.斯坦纳. 生态规划设计 [M]. 何平，等，译. 北京：中国林业出版社，2008.

[89] 沈萍. 地票交易制度的创新、困境及出路 [J]. 经济法论坛，2010，7（00）：236-244.

[90] 史蒂芬·曼索瑞安，丹尼尔·沃劳瑞，尼盖儿·杜德莱. 森林景观恢复——不只是种树 [M]. 王春峰，王冬梅，史常青，吴卿，李叶，谢娜，张艳，杨秀梅，王晓英，阳文兴，燕楠，田甜，译. 北京：中国林业出版社，2011.

[91] 施奠东，应求是，陈绍云，陈胜洪. 西湖园林植物景观艺术 [M]. 杭州：浙江科学技术出版社. 2015.

[92] 四川天府新区管委会. 天府新区成都直管区公园城市——全域森林空间布局规划（2019—2035 年）.

[93] 孙施文. 现代城市规划理论 [M]. 北京：中国建筑工业出版社，2005.

[94] 宋永昌. 植被生态学 [M]. 2 版. 北京：高等教育出版社，2017.

[95] 宋永昌，阎恩荣，宋坤. 再议中国的植被分类系统 [J]. 植物生态学报，2017，41（02）：269-278.

[96] 特里·尼克尔斯·克拉克，丹尼尔·亚伦·西尔. 场景：空间品质如何塑造社会生活 [M]. 祁述欲，吴军，译. 北京：社会科学文献出版社，2019.

[97] 天府新区成都管委会公园城市建设局. 四川天府新区成都直管区统筹城乡发展"十四五"规划（征求意见稿），2022，05.

[98] 田富强. 闲置土地造林的林票制度研究 [J]. 福建林业科技，2015，42（03）：153-161.

[99] 田富强. 林地总量控制与占补平衡下的林票制度试析 [J]. 西北林学院学报，2013，28（06）：237-243，259.

[100] 蕾切尔·卡森. 寂静的春天 [M]. 吕瑞兰，李长生，译. 上海：上海译文出版社，2008.

[101] 李晖，李志英，等. 人居环境绿地系统体系规划 [M]. 北京：中国建筑工业出版社，2009.

[102] 李卿. 森林浴 [M]. 东京：中央精版印刷株式会社，2020.

[103] 李先源. 观赏植物分类学 [M]. 北京：科学出版社，2018.

[104] 李晓江，吴承照，王红扬，等. 公园城市，城市建设的新模式 [J]. 城市规划，2019，43（03）：50-58.

[105] 刘常富，李海梅，何兴元，等. 城市森林概念探析 [J]. 生态学杂志，2003（05）：146-149.

[106] 刘琼. 公园城市消费场景研究 [J]. 城乡规划，2019（01）：65-72.

[107] 刘易斯·芒福德. 城市文化 [M]. 宋俊岭，李翔宁，周鸣浩，译. 北京：中国建筑工业出版社，2009.

[108] 芦原义信. 街道的美学 [M]. 尹培桐，译. 天津：百花文艺出版社，2006.

[109] 诺曼·K.布思. 风景园林设计要素 [M]. 曹礼昆，曹德鲲，译. 北京：中国林业出版社，1989.

[110] 彭镇华. 城市森林 [M]. 北京：中国林业出版社，2003.

[111] 王成，蔡春菊，陶康华. 城市森林的概念、范围及其研究 [J]. 世界林业研究，2004（02）：23-27.

[112] 王磊. 场景营造：社区营造与社会治理创新的空间实践转向 [J]. 山东大学学报（哲学社会科学版），2023，（06）：82-92.

[113] 王向荣，林菁. 西方现代景观设计的理论与实践 [M]. 北京：中国建筑工业出版社. 2001.

[114] 王云才，韩丽莹，王春平. 群落生态设计 [M]. 北京：中国建筑工业出版社. 2009.

[115] 王云才. 景观生态规划原理 [M]. 北京：中国建筑工业出版社. 2023.

[116] 王忠杰，吴岩，景泽宇. 公园化城，场景营城——"公园城市"建设模式的新思考 [J]. 中国园林，2021，37（S1）：7-11.

[117] 威廉·M.马什. 景观规划的环境学途径 [M]. 朱强，黄丽玲，俞孔坚，等，译. 北京：中国建筑工业出版社，2006.

[118] 温全平. 城市森林规划理论与方法 [M]. 南京：南京大学出版社，2010.

[119] 吴承照. 景观游憩学 [M]. 北京：中国建筑工业出版社，2022.

[120] 吴军. 城市社会学研究前沿：场景理论述评 [J]. 社会学评论，2014，2（02）：90-95.

[121] 吴军，营立成. 成都路径：场景赋能公园城市生态价值转化 [J]. 决策，2023（09）：12-15.

[122] 吴军，特里·尼克尔斯·克拉克. 文化动力———一种城市发展新思维 [M]. 北京：人民出版社，2016.

[123] 吴良镛. 人居环境科学导论 [M]. 北京：中国建筑工业出版社，2001.

[124] 吴照柏，但维宇，刘恩林，等. 森林城市发展规划研究——以贵州省为例 [M]. 北京：中国林业出版社，2021.

[125] 吴志强，李德华. 城市规划原理 [M]. 4 版. 北京：中国建筑工业出版社，2010.

[126] 邬建国. 景观生态学——格局、过程、尺度与等级 [M]. 2 版. 北京：高等教育出版社，2007.

[127] 徐辉典，鲜于思奥. 基于"场景营城"理念的公园城市建设策略研究——以宜昌市为例 [J]. 城市建筑空间，2023，30（01）：50-52.

[128] 西蒙·贝尔. 户外游憩设计 [M]. 陈玉洁，译. 北京：中国建筑工业出版社，2011.

[129] 杨赉丽. 城市园林绿地规划 [M]. 3 版. 北京：中国林业出版社，2012.

[130] 杨智荣，王玮. 公园城市理念下社区绿色开放空间的场景营造 [J]. 设计艺术研究，2022，12（02）：24-28，33.

[131] 伊恩·伦诺克斯·麦克哈格. 设计结合自然 [M]. 芮经纬，译. 天津：天津大学出版社，2006.

[132] 俞孔坚，李迪华，刘海龙. "反规划"途径 [M]. 北京：中国建筑工业出版社，2005.

[133] 约翰·奥姆斯比·西蒙兹. 大地景观 [M]. 程里尧，译. 北京：中国水利水电出版社，2008.

[134] 约翰·缪尔. 我们的国家公园 [M]. 郭名惊，译. 长春：吉林人民出版社，1999.

[135] 赵娟娟，欧阳志云，郑华，等. 城市植物分层随机抽样调查方案设计的方法探讨 [J]. 生态学杂志，2009，28（07）：1430-1436.

[136] 周聪惠. 基于选线潜力定量评价的中心城绿道布局方法 [J]. 中国园林，2016，32（10）：104-109.

[137] 张伟伟，高锦杰，费腾. 森林碳汇交易机制建设与集体林权制度改革的协调

发展 [J]. 当代经济研究，2016（09）：79-85.

[138] 张文明. 完善生态产品价值实现机制：基于福建森林生态银行的调研 [J]. 宏观经济管理，2020，3：73-79.

[139] 周立群，张红星. 农村土地制度变迁的经验研究：从"宅基地换房"到"地票"交易所 [J]. 南京社会科学，2011，08：72-78.

[140] 朱均珍. 园林植物景观艺术 [M]. 2 版. 北京：中国建筑工业出版社，2015.

[141] 中共中央办公厅，国务院办公厅：关于设立统一规范的国家生态文明试验区的意见. 2016，08.

[142] 中共中央办公厅，国务院办公厅. 关于建立健全生态产品价值实现机制的意见，2021，04.

[143] 中共四川省委. 关于以实现碳达峰碳中和目标为引领推动绿色低碳优势产业高质量发展的决定. 2021，12.

[144] 中共四川省委，四川省人民政府. 关于支持成都建设践行新发展理念的公园城市示范区的意见，2020，12.

[145] 中共成都市委. 关于坚定贯彻成渝地区双城经济圈建设战略部署加快建设高质量发展增长极和动力源的决定，2020，07.

[146] 宗敏，彭利达，孙旻恺，等. Park-pfi 制度在日本都市公园建设管理中的应用——以南池袋公园为例 [J]. 中国园林，（2020），36（08），90-94.

[147] 全国人大常委会. 中华人民共和国森林法（2019 年修订）. 2019，12.

[148] 中华人民共和国国务院. 中华人民共和国森林法实施条例. 2019，12.

[149] 中华人民共和国国家质量监督检验检疫总局，中国国家标准化管理委员会. 森林资源规划设计调查技术规程（GB/T 26424—2010）. 2011，01.

[150] 四川省林业厅. 四川省森林资源规划设计调查技术细则（川林函 [2013] 351 号）. 2013，04.

[151] 国家林业局. 森林植被恢复费征收使用管理暂行办法（林资发 [2002] 275 号）. 2002，12.

[152] 全国人大常委会. 中华人民共和国土地管理法（2019 修正）. 2019，08.

[153] 中华人民共和国国家质量监督检验检疫总局，中国国家标准化管理委员会. 土地利用现状分类（GB/T 21010—2017）. 2017，11.

[154] 中华人民共和国住房和城乡建设部. 城市绿地分类标准（CJJ/T 85—2017）.

2017，11.

[155] 中华人民共和国住房和城乡建设部，中华人民共和国国家质量监督检验检疫总局. 城市用地分类与规划建设用地标准（GB 50137—2011）. 2011，01.

[156] 四川天府新区成都管委会环境保护和统筹城乡局. 天府新区成都直管区公园城市全域森林空间布局规划（2019—2035）. 2019，08.

[157] 四川天府新区管委会. 天府新区成都直管区绿道系统专项规划（2019—2035）. 2018，02.

[158] 四川天府新区管委会. 天府新区成都直管区川西林盘保护修复利用规划. 2018，12.

[159] 成都市规划管理局. 成都市公园规划设计导则. 2018，05.

致　谢

首先，感谢《天府新区直管区森林建设发展规划（2021—2035）》的主管部门四川天府新区生态环境与城市管理局和本规划合作单位岭南生态文旅股份有限公司、天府新区城市规划设计研究院的诸位同仁，大家对森林规划的高期望、高要求、高强度探讨为本书的形成提供了最直接的动力。

同时，感谢本规划西南大学项目组成员李政、孙松林等同事，以及研究生卿腊梅、邓白璐、黎致远、周靖人、吴宇航、眭淼、余捷、冉小颖、袁璨、袁烺、胡瑶、杜雯欣、刘晴、曾思源等同学在森林项目调研、规划与制图等过程中的工作。黎致远、邓白璐在本书第二章，周靖人在第三章，刘晴在第四章，吴宇航、眭淼在第五章文本编辑方面提供了重要协助。2023年9月，以本规划为基础的进一步研究成果"City in the Forests"获邀在瑞典首都斯德哥尔摩举行的第59届国际风景园林师联合会（IFLA）大会现场进行墙报展示（Poster Presentation），既是对本规划及研究的认可，也是对团队长达三年持续思考沉淀的肯定。再次感谢团队的小伙伴们！

此外，在项目前期，前辈专家西南大学王海洋教授、浙江农林大学包志毅教授在"近自然"森林调研思路和方法上给予了非常宝贵的建议。在此，谨表深深的谢意。

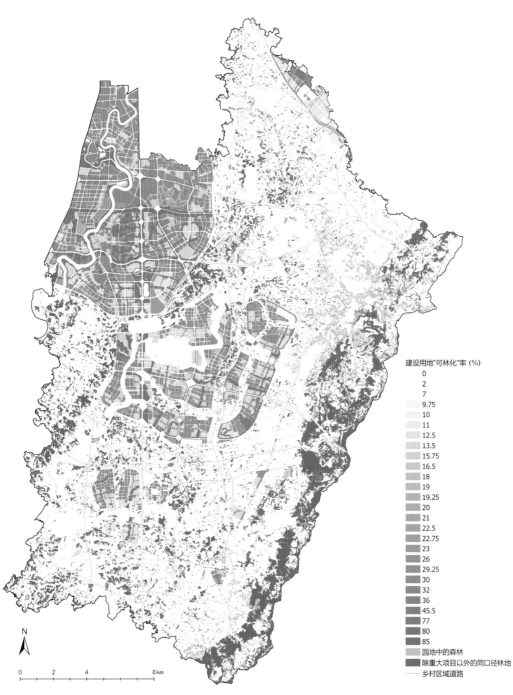

建设用地"可林化"率（%）

0
2
7
9.75
10
11
12.5
13.5
15.75
16.5
18
19
19.25
20
21
22.5
22.75
23
26
29.25
30
32
36
45.5
77
80
85

园地中的森林

除重大项目以外的同口径林地

乡村区域道路

N

0　2　4　8 km

图 2-2 "可林化"空间总量

图 2-6　区域尺度森林生态网络构建

核心森林斑块
重要生态网络
一般生态网络
其他森林

N

0　2　4　8 km

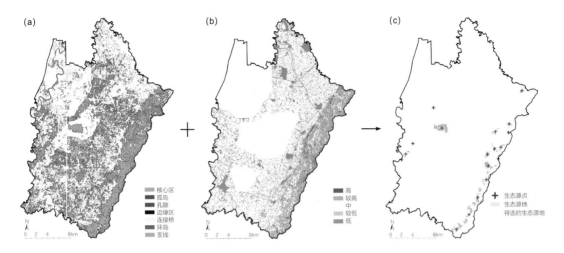

图 2-5 生态源地识别过程

图 2-7 城市绿地服务盲区识别

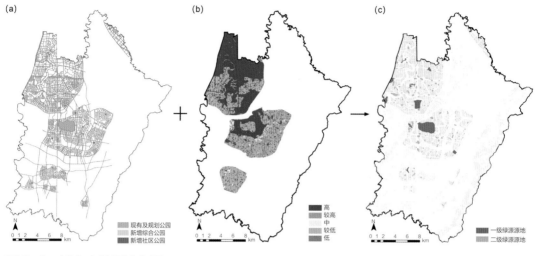

图 2-8 城市森林源地布局

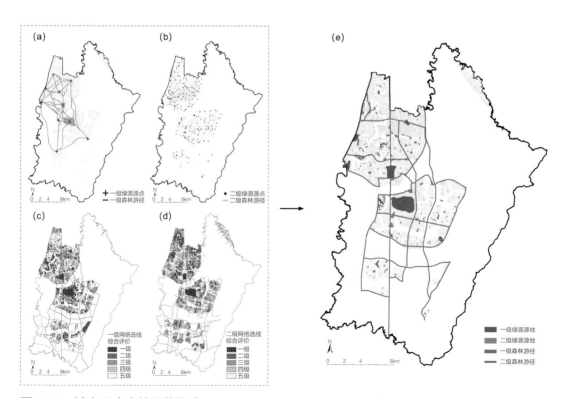

图 2-9 城市尺度森林网络构建

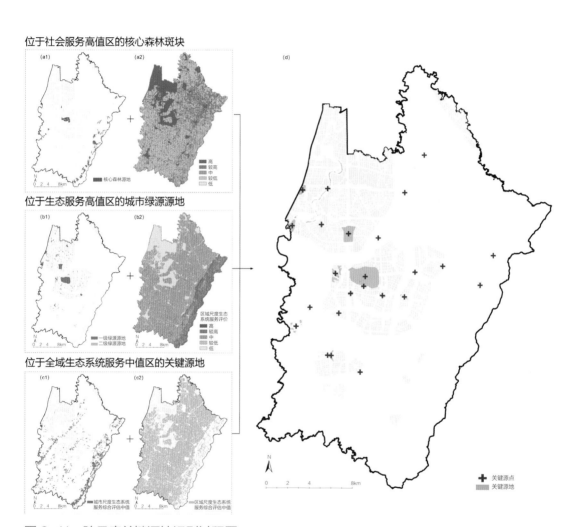

位于社会服务高值区的核心森林斑块

位于生态服务高值区的城市绿源源地

位于全域生态系统服务中值区的关键源地

图 2-11　跨尺度关键源地识别过程图

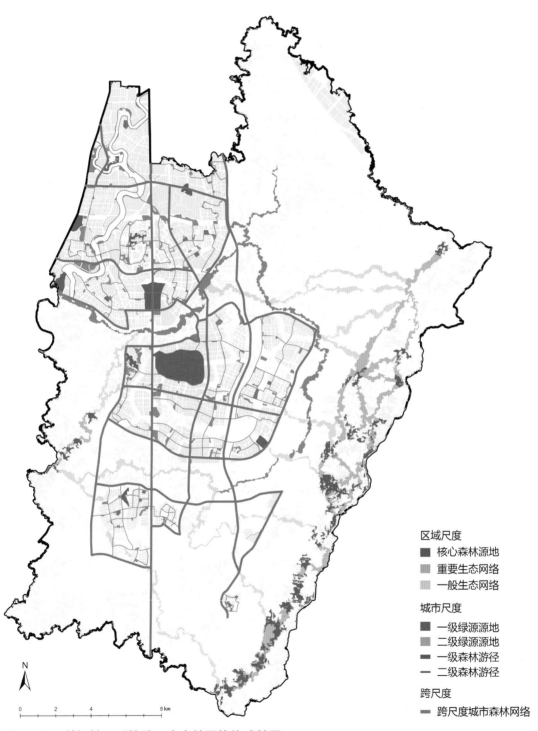

区域尺度
■ 核心森林源地
▦ 重要生态网络
▦ 一般生态网络

城市尺度
■ 一级绿源源地
▦ 二级绿源源地
— 一级森林游径
— 二级森林游径

跨尺度
— 跨尺度城市森林网络

N

0   2   4   8 km

图 2-12　数据校正后的跨尺度森林网络构建结果

图 3-1　天府新区直管区及其邻近区域 70 处森林调查样地位置

图例：

✚ 城市生境森林样地
✚ 山脉浅丘生境森林样地
✚ 河岸带生境森林样地
✚ 湿地生境森林样地
✚ 道路交通旁生境森林样地
✚ 林盘生境森林样地

N

0　　5　　10　　20 km

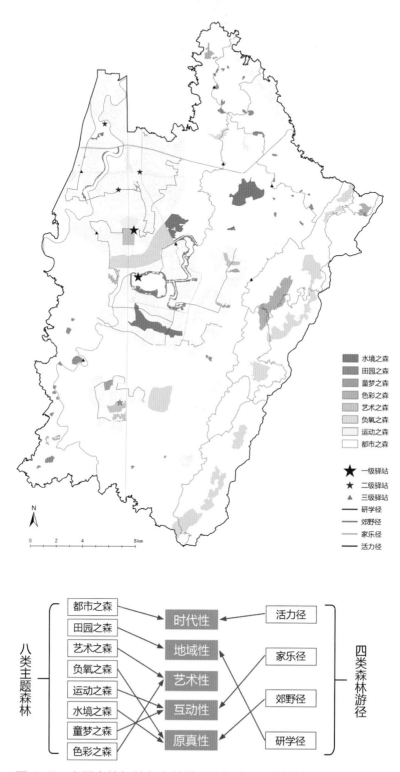

图 4-9　主题森林与特色森林游径空间布局及其依据